へんな生きもの へんな生きざま

早川いくを

X-Knowledge

目　次

狩る　捕る　喰らう

- ヨウカイカマキリ　4
- サーカスティック・フリンジヘッド　6
- ハープ・スポンジ　8
- ザトウムシ　10
- マメザトウムシ　12
- モンハナシャコ　14
- カツオノエボシ　16
- アオミノウミウシ　18
- ウマノオバチ　20
- セイボウ　22
- ダルマタマゴクロバチ　24
- キンカジュー　26
- ウデムシ　28
- ダルマザメ　30
- メリベウミウシ　32
- ギガントキプリス　34
- ガウシア　36
- ノコギリエイ　38
- ノコギリビワハゴロモ　40
- ノコギリイッカクガニ　42
- ヒメハナグモ　44
- ハナカマキリ　46
- ハエトリナミシャク　48
- オオグチボヤ　50

愛する自分を守るため

- トラフトンボマダラチョウ　52
- グラスフロッグ　54
- コモリガエル　56
- ジェリーフィッシュ・ライダー　58
- オヨギゴカイ　60
- チマキゴカイの幼生　62
- クズアナゴ　64
- トゲトゲのタラバガニ　66
- トゲグモ　68
- オオナガトゲグモ　70
- ハゴロモ科の幼虫　72
- ヒメアルマジロ　74
- ニセハナマオウカマキリ　76
- 巨大な「目」をもつ幼虫　78
- 巨大な「目」をもつカマキリ　79
- ムラサキダコ　80
- カフスボタンガイ　84
- ヤドクガエル　86
- キンチャクガニ　88
- ツノトカゲ　90
- カメノコハムシ　92
- オオミミトビネズミ　94
- 空飛ぶトカゲ　96
- 空飛ぶヤモリ　98
- 空飛ぶカエル　100
- 空飛ぶヘビ　102
- 空飛ぶイカ　104
- カメレオン　106

存在しない者たち

- コノハチョウ　108
- カレハバッタ　110
- カレハカマキリ　112
- エダハヘラオヤモリ　114
- カンムリヒキガエル　116
- コノハツユムシ　118
- ゴウシュウコノハカマキリ　120
- ピグミー・シーホース　122
- ホウセキカサゴ　124
- ピクチャーウィング・フライ　126
- ルキホルメティカ・ルケ　128
- ミミック・アント　132
- アリカツギツノゼミ　134
- ミカヅキツノゼミ　136
- クラドノタ・ベニティジ　138
- ユカタンビワハゴロモ　140
- ミズカキヤモリ　142
- テングビワハゴロモ　144
- アカハネナガウンカ　146
- アカテガニ　148
- ジンメンカメムシ　150
- カーティンガツノガエル　152
- おばちゃん似のエイ　154
- ホットリップ　156
- モンキー・フェイス・オーキッド　158
- ゾウゲイロウミウシ　160
- 真っ赤なバッタ　162
- 真っ赤なハムシ　163
- 真っ赤なキリギリス　164
- オオベニハゴロモ　165
- ユビワエビス　166
- 七色のキリギリス　168

周りに合わせて生きてます

- キリンクビナガオトシブミ　170
- ジェレヌク　172
- デメニギス　174
- ダイオウグソクムシ　176
- ミズヒキイカ　180
- クサウオ　182
- ニュウドウカジカ　184
- リュウグウノツカイ　186
- ナマカフクラガエル　188
- カメガエル　190
- ピンクイグアナ　192
- ハダカデバネズミ　194
- ホシバナモグラ　196
- ミツツボアリ　198
- ヒノオビクラゲ　200
- アマゾンカワイルカ　202
- ヤリハシハチドリ　204
- クマムシ　206
- バットフィッシュ　208

ある愛の詩

- アオアシカツオドリ　210
- オウギバト　212
- オウギタイランチョウ　214
- ベニジュケイ　216
- ヒクイドリ　218
- ズキンアザラシ　220
- シュモクバエ　222
- ウマヅラコウモリ　224
- ピーコック・スパイダー　226
- シロヘラコウモリ　228
- 緑色のカタツムリ　230
- ニジイロクワガタ　232
- アゴアマダイ　234

捕る
喰らう

狩る

「弱肉強食」などと、人は簡単にいう。

だが、考えてみてほしい。それは、生物がほかの生物を喰い殺すことで、生態系が成り立っていることを意味している。よく考えたら、異様な世界である。

もし、植物から進化した宇宙人などが地球にやってきたら、ここは狂った惑星だと思うかもしれない。

しかし生物たちは、飽くことなく、狩る、穫る、喰らうことに数億年来、明け暮れてきた。

その無限の殺し合いの中で、狩りの技は、もはや魔術としか思えないほどに、高度に進化してきた。

そしてそれは、現在も進行中である。

写真の生物はヨウカイカマキリの一種。

植物への擬態化（ぎたいか）が高度に進んだ結果、このような姿となったわけだが、その名のとおり妖怪のような姿だ。

ヨウカイカマキリは植物に化けて、獲物を待ち伏せる、陰獣（いんじゅう）ならぬ陰虫（いんちゅう）である。

その陰性（いんせい）の狩人ぶりは、学名の「エンプーサ」にも表れている。

エンプーサはギリシャ神話に登場する女怪物だ。

彼女は男を誘惑し、愛を交わした後に、むさぼり喰ってしまうのである。

サーカスティック・フリンジヘッド

　領土問題となると、にわかにカッとなる人がいる。
　より動物的という意味で、正しい反応ともいえよう。
テリトリーは生物界において生死を分ける重大問題
だったりもするのだ。
　通称「エイリアンフィッシュ」と呼ばれるこの魚は、
なわばり意識が極めて旺盛だ。なわばりを荒らされた
と感じると、彼らは大口を開けて敵を威嚇する。動物
によく見られる行動だが、この魚の場合、口の大きさ
が尋常ではない。「顔より口がでかい」という冗談が、
まこと真実である。おまけに趣味の悪い虹色だ。彼ら
がなわばりを取り合う領土紛争は、この気色の悪い口
と口とを突き合わせての押し出し合いである。
　文字どおりの口ゲンカ、などと軽んじてはならない。
相手が退散しないと、彼らはやがて武力にものをいわ
せるようになる。歯である。彼らの針のような歯はバッ
グにも穴を開けるほど鋭利で、こうなるともう立派な
戦闘だ。彼らは勝敗が決するまで口を閉じることはな
い。「開いた口がふさがらない」という言葉は、「絶対
に退かぬ不退転の決意」を意味する。

　そんな彼らが必死で守るものは、海底のゴミだった
りもする。エイリアンフィッシュは岩穴や貝殻などに
棲むが、人間の捨てたゴミも棲みかに利用するのだ。
彼らは体を張り、命をかけて、彼らの領土、ビールの
空き缶や、ボロ長靴、欠けた茶碗を守るのである。

ハープ・スポンジ

　北欧製のインテリア用品か、お台所の便利グッズである。お皿を立てて乾かすのにちょうどよさそうだ。

　近年発見された新種の生物、通称「ハープ・スポンジ」は、深海に棲む海綿の一種である。海綿類は海中の有機物やプランクトンを濾しとって栄養源にするという、地味で慎ましやかな生活をおくっているが、この生物は海綿のくせして肉食だ。
　地中から生えている「木琴を叩く棒」みたいなものの先端には無数のフックがついており、ここに小さなエビなどの甲殻類をひっかけて捕食するという。
　獲物をたくさん捕るためには、海流に対して表面積を大きくする必要があるため、このような形態になったそうだ。
　なるほど理屈はわかった。そう言いたいところだが、それにしたってこんな形でなくともいいじゃないか。一体こいつは、何をアピールしているのか。
　地球上の生物、どれ一つとってもこれに類似したものはない。さすが深海は異世界だ…などと感嘆するが、物理法則を無視したような形態の生物は、地表にもいるのである。

ザトウムシ

　重力を無視したような姿形のザトウムシ。
　生物学的にいえばクモとは縁遠い生物だが、今にも消えてしまいそうな、はかないその風情から「ユウレイグモ」「メクラグモ」などとも呼ばれてきた。はかない上に、陰気である。

　そんな存在感のなさを補完するためか、ザトウムシは大勢で群れることがある。何千と密集したザトウムシの真っ黒い群れは、生きて蠢く毛皮のようで、幽霊というより「おばけ」といった方が適当だ。からまったりしないのが不思議である。

　ザトウムシが群れるのは、暖をとるため、さらに巨大な生物に見せかけて敵から身を守るためといわれている。ほとんど盲目の彼らは、そんな衆を頼みにするような防御手段しかもたない。

　そう書くと、何だかとても気の毒な生物のように思えるが、実は彼らは立派な捕食者だ。視覚なぞなくても、足の触覚、聴覚を駆使して小昆虫などを捕えて喰う、れっきとした狩人なのである。

　ザトウムシの「ザトウ」は「座頭」、つまり江戸時代の盲人たちの職能組合からきている。
　その名はまことに当を得ている。ザトウムシは盲目のプロフェッショナルなのである。

マメザトウムシ

　ザトウムシは盲目である、という話をしたばかりなのにそれをくつがえすようで恐縮だが、ザトウムシの一種、マメザトウムシは大きな目をもつ。
　無脊椎(むせきつい)動物のくせに、妙につぶらなその瞳はもの言いたげで、どこか憂(うれ)いを秘めているようにさえ見える。こんなのがトコトコやってきて、じっと見つめられたりしたら、思わずおやつを分けてあげたくなる。
　そのキュートなルックスは、マニアックな人気を呼びそうな気もする。最近は妙なペットが流行(はや)るので、にわかにマメザトウムシの時代がくる予感もするが、それはありえない。
　彼らの体長はわずか数ミリ、虫眼鏡で覗かないと見えないのだ。

モンハナシャコ

　捕脚(ほきゃく)と呼ばれるハンマー状の前脚からくり出す強力な打撃で、貝やカニを打ち割って捕食する。
　その威力は無用なほどに強力で、水槽のガラスをぶち破り、スピードは時速80キロに達する。
　海洋生物としては異常なほどのこの速度は、ある種の破壊的物理現象を引き起こす。
　「キャビテーション気泡の消滅」なるこの現象は、液体中で物体が高速で動くときに生じた微小な泡が生み出す、音と閃光(せんこう)を伴う一種の衝撃波で、この極小の爆発のような現象がモンハナシャコの打撃力をさらに倍加させる。こんな、無用なまでに強力な武器で狩られるカニや貝は、気の毒というほかはない。
　安直な表現だと「海の殺し屋」となるわけだが、どっこいこの殺し屋は、黒装束(くろしょうぞく)で身を隠すどころか、ド派手な迷彩柄ファッションでキメまくる。

　シャコのなかには、体長数十センチにも及ぶ巨大な個体も確認されているという事実は、寿司屋に悪夢を見せるかもしれない。
　悪夢のなかで、板前は極彩色の巨大なシャコに一撃される。そして暖簾(のれん)を突き破って空に飛んでいき、星になってしまうのである。

カツオノエボシ

波間にぷかぷかと浮かぶ青いビニール袋を見かけたら、人は全力で逃げなければならない。
「鰹の烏帽子」という風流な名前とは裏腹に、これは危険きわまりない生きた浮遊機雷である。

いわゆる「電気クラゲ」とはこいつのことだ。最大50メートルにも達する触手に仕込まれた強力な毒針銃で、小魚などの獲物を狩る。針は触るものに無差別に発射され、人間が刺されれば患部はミミズ腫れになり、アナフィラキシーでショック死する可能性もある。

カツオノエボシは遊泳能力をもたない。ぷかぷか、ゆらゆら、行く先はすべて風まかせ…と書けば楽しそうだが、生物兵器がぶらりひとり旅をしているようなもので危険極まりない。しかも、大勢で海岸に押し寄せる事もあるのだ。侵略としか思えない。死んだ後も毒針銃は生きているので、うかつに触れない。人類に恨みでもあるかのような生物だ。
「生物」と簡単に書いたが、実はカツオノエボシは単体の生物ではない。多数の個虫が寄り集まって一つの生物のように振る舞う群体生物だ。各個虫は融合しつつ、体のさまざまな役割を担う。有機的に結合した軍隊のようなものなのだ。

こんな危険な生物なら天敵などいないようだが、自然界は深い。この毒クラゲを食い物にする生物もちゃんと存在する。
鮫のごとき猛々しいものかと思いきや、それは何とちっぽけなウミウシなのである。

アオミノウミウシ

　その多くが切手ほどの体長で、一見小さなアクセサリーのようにも見えるアオミノウミウシ。
　この小さなウミウシが猛毒クラゲ、カツオノエボシを喰い荒らすのである。

　カツオノエボシは、その姿が似ているところから、英名を「ポルトガルの帆船軍艦(Portuguese Man O' War)」という。
　軍艦は近づいてきた小舟みたいなアオミノウミウシを毒針銃で攻撃する。紫電一閃、アオミノウミウシは敵の攻撃を巧みにかわして進撃する……のかと思いきや、ただ無頓着に喰い進むだけだ。
　アオミノウミウシの体はカツオノエボシの毒を受けつけない。そればかりか、その武器を横取りしてしまう。
　アオミノウミウシはカツオノエボシを喰い、体に含まれる有毒の刺細胞を体内に貯蔵、自らを防御する毒針として使う。これを「盗刺胞」という。
　巨大な軍艦は、小舟ほどの敵に武器を盗まれたあげく、なすすべもなく撃沈されてしまうのである。

　ちっぽけなアオミノウミウシが、こんな強力な猛毒クラゲに勝てるのは、進化の末に、その武器を封じる手段を獲得し得たからだ。
　狩りの技術、獲物を喰らう手段は、長い長い時を経て、磨かれてきた。
　しかしなかには、その技術が高度になりすぎて、もはや悪魔の領域に達してしまったものもある。

ウマノオバチ

　ウマノオバチは「寄生バチ」と呼ばれる種類の昆虫だ。主にカミキリムシの幼虫を獲物にする。
　幼虫を見つけても、殺しはしない。別に情けをかけるわけではない。彼らは昆虫界の鬼子母神である。
　ウマノオバチの母虫は木の幹を探索、カミキリムシの幼虫が潜り込んだ穴を見つけ、体長の10倍近くにもなる長い産卵管を差し込み、幼虫に卵を産みつける。
　手さぐりならぬ尻さぐりでの遠距離からの産卵は、遠隔操作による内視鏡手術のような技だ。

　やがて、カミキリムシ幼虫の体内で卵は孵化、産まれたハチの子は幼虫の体を喰って成長する。幼虫はハチの子の揺りかごにして食糧なのだ。
　こうして、カミキリムシの幼虫は生きたまま肉を喰われていく。生きながら死んでいるようなもので、この世の地獄といえよう。
　ハチの子が完全に成長し、幼虫の体を喰い破って外界に出たときはじめて、幼虫に本物の死が訪れる。

　天敵から身を守ろうと、とにかく幹の奥深くに潜るようになったカミキリムシ。そしてその幼虫を捕えんとするウマノオバチ。ウマノオバチの長い産卵管は、この両者の軍拡が気の遠くなるほど長い年月、続いてきたことを意味する。
　こういった寄生バチの生態は狡猾で情け容赦ないが、きわめて合理的で隙がないようにみえる。
　だが、自然界は深くて広い。寄生バチのなかには、詐欺師をだまして上前をはねるように、こういった寄生バチにさらに寄生する強者がいるのだ…。

セイボウ

　幼虫を生き餌にする、悪魔のような狩りバチをさらに食い物にする、策士の上をいく策士が、この宝飾品のように美しい「セイボウ」と呼ばれるハチだ。

　「ドロバチ」と呼ばれる狩りバチは、ガやチョウの幼虫をさらって麻酔をかけ、巣に連れ込んで卵を産みつける。孵（かえ）ったハチの子は、生きた幼虫を喰いながら成長する。巣は狩りバチの食事つき育児室だ。

　セイボウは、このドロバチの育児室に忍びこみ卵を産みつける。孵ったセイボウの子は巣を乗っ取り、狩りバチの餌を横取り、さらにハチの子までも喰い殺す。幼虫を生き餌にする狩りバチが悪魔なら、セイボウは悪魔の生皮を剥（は）いで喰らう、鬼神である。

　ほかの鳥の巣に卵を産み、その鳥の子供のふりをして育つカッコウの「托卵（たくらん）」、セイボウの子育ては昆虫版の托卵であり、「カッコウ蜂」などとも呼ばれる。

　しかし、セイボウ類にはもっと大胆な者もいる。彼らは何と昆虫界の過激派組織、スズメバチの巣に乗り込んでいくのだ。
　化学擬態（かがくぎたい）でスズメバチに化け、巣に卵を産みつけるのである。産まれた子供はスズメバチの子供を喰って成長していく。
　こんな危ない橋を渡って生きるセイボウの防御手段といえば、せいぜい体を丸めることぐらいだ。
　彼らは、だましの技にすべてを賭けている。腕と度胸で世を渡る、美しくもしたたかな毒婦（どくふ）なのだ。

ダルマタマゴクロバチ

　米粒に満たぬ大きさで、ぴょんぴょんと跳ね回る。ノミにしか見えないが、れっきとした寄生バチである。

　タマゴクロバチと呼ばれる寄生バチは、その名のとおり卵を狙う。皮下注射器のような産卵管で、クモや昆虫類の卵に産卵する。卵に卵を産むのだ。

　孵化（ふか）した幼虫は、卵の中身を喰い尽くしてサナギとなり、やがてその卵から産まれたような顔をして巣立っていく。寄生バチの種類は数多いが、無抵抗な卵を狙うタイプが存在するのは、当然といえば当然だ。

　しかし、寄生バチのなかでもダルマタマゴクロバチはひときわ小さく、愛嬌（あいきょう）のある顔で、しかも三頭身。見ていると無用に心がほのぼのとしてくるのだが、気を許してはいけない。

　ダルマタマゴクロバチは小悪魔である。キュート、ということではない。極小の悪魔、という意味である。

キンカジュー

　「ハチ」といっても、狩りバチ、寄生バチ、スズメバチ、アシナガバチなど、さまざまな種類が存在するが、我々が真っ先に思い浮かべるハチは、ミツバチであろう。
　ミツバチの蜜には、ありとあらゆる動物が群がる。

　キンカジューはブラジルなどの熱帯雨林に棲む夜行性の樹上動物で、実にかわいらしい風体をしている。
　この愛らしい顔から、いきなり妖怪のような舌が伸びるのだから、ぎょっとする。
　キンカジューは幾多のハンターと同じくハチミツハンターで、ハチミツや花の蜜を効率よく吸うために進化したその結果が、この舌だ。
　近年、そのかわいらしさからペットとしての需要が高まった。かわいい動物を欲しい抱きたい愛玩したい、という欲望は底なしだ。業界はすぐに動き出し、多くのキンカジューが捕獲された。
　しかし野生動物を飼育するということの倫理性、環境的問題、そしてその難しさなどは、はるか彼方に置き去りだ。2006年には、世界的に有名な、さる富豪の女性がペットのキンカジューに腕を噛まれ、破傷風の治療を受けた。どんなになついているようでも野生動物は、基本的にペットにはならない。
　キンカジューも、豪華なベッドに寝転びながら、きっと知らぬところで、長い舌をぺろりと出しているにちがいない。

ウデムシ

中世の拷問用具をそのまま生物にしたような外観だ。触っただけで血が出そうである。巨大なトゲを生やした前脚は、かの悪名高き拷問具「鉄の処女」のようで、何人もの罪人や異教徒の血を吸っていそうだ。

だが、これは相手を痛めつけるものではない。ハンターとして進化を続けた結果獲得した、高度な性能をもつ狩猟用具なのだ。だが、狩られる昆虫からすれば、こんな長大な前脚でギリギリと締めつけられ、鉄バサミのような顎で八つ裂きにされ、嚙み砕かれるのだから、結局のところ拷問死と変わりはない。

しかし、このサディストの夢想みたいな生物は毒ももたず、人を嚙んだり刺したりもしない。夜行性で人と顔を合わすこともない。その実、おとなしい生物で、「腕が長いからウデムシ」という極めて凡庸な名前の由来も、すんなり納得できるというものだ。

その上、ウデムシは優しい母親だ。
多くの生物は卵を産みっぱなしにするが、ウデムシは孵化した子供たちを背中に背負い、大切に愛育する。かわいい子供たちのために、母親は容赦なく獲物をはさみ、引き裂き、喰いちぎる。

またの名を「クッキー・カッター・シャーク」と称するダルマザメ。
体長30センチほどと小型ながら、恐れ知らずのクソ度胸。
自分よりはるかに巨大なクジラやマグロに喰らいつき、その鋭い歯と吸引力で、
クッキーの型抜きのように、きれいに肉をえぐりとる。
勢いあまって、原子力潜水艦に突撃することもある。

メリベウミウシ

　何が何だかわからない写真である。だが心を無にして眺めると、大口を開けたウミウシが海藻(かいそう)に群れている、という状況が見えてくるはずである。

　ウミウシ類には奇妙な姿形のものが多いが、そのなかでもメリベウミウシはひときわ訳がわからない。毛の生えたラッパのようで、一度見たら忘れられない異様な姿だが色はほとんどなく半透明で、見た目の印象は極めて薄い。存在感があるんだかないんだか、よくわからない。
　しかし、彼らはこれで立派な狩人だ。そして、その狩りの手法は他に類を見ない変てこさだ。
　彼らはまず、ゴム製のお椀みたいな口を大きく開けて、地面にすっぽりかぶせる。そして、そのまま口をすぼめて小さなエビ類やプランクトンを濾(こ)しとるのだ。投網漁みたいなものである。

　こんな風に獲物を捕らえる生物はほかにいない。合理的なのだろうが、まん丸い口を地べたにつけてぺしゃんこになっている様子は、子供が置きっぱなしにした捕虫網のようだ。
　何だかやり方がこすい。みみっちい。貧乏くさい。その上、メリベウミウシは体も脆(もろ)い。うっかり網にかかったりすればバラバラになってしまうこともある。こんな虚弱(きょじゃく)な狩人もほかにいない。

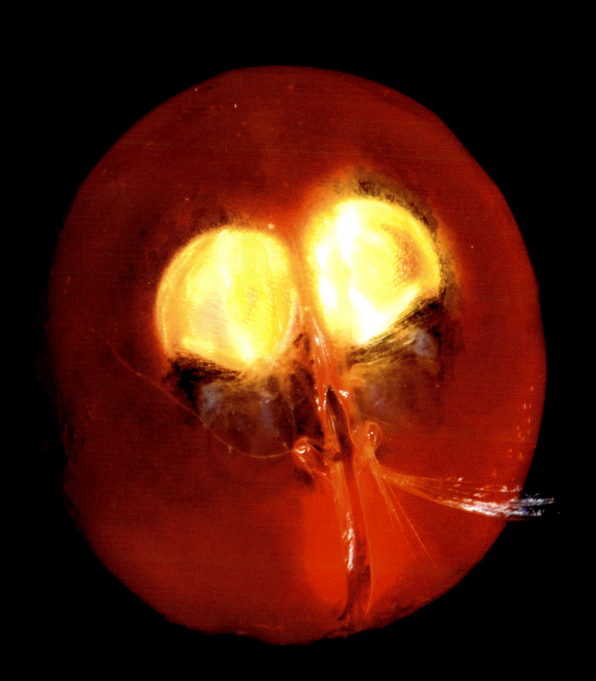

ギガントキプリス

　玉だ。それ以外に何ともいいようがない。
　だが、こんなタコヤキほどの大きさの玉が生物、しかも肉食の狩人なのである。

　ギガントキプリスは「貝虫(かいちゅう)」と呼ばれる節足(せっそく)動物の一種で、美しく発光することで有名な、小さな甲殻類(こうかくるい)の一種、ウミホタルの親戚だ。深海に棲(す)み、小エビやクラゲなどを捕えて喰う。玉のくせになぜそんなことができるかというと、こう見えて泳げるからだ。舟のオールのような触角で水をかいて進むのである。
　この玉は、目玉そのものといってもいい。体に比して目が異様にでかいのだ。しかもギネスに載るほど、高い集光能力をもっている。
　深海の闇の中で、どんなかすかな光でも見逃さないように出来ている、超高性能レンズなのだ。

　ギガントキプリスは、この強力な視覚にものをいわせ、獲物の居場所を探知して捕える。光の届かない深海の闇の中で、圧倒的に有利な能力だ。

　しかし、武器というのは、その長所が逆に弱点になる場合も往々にしてある。

ガウシア

「海の米」とも呼ばれる、カイアシと呼ばれる小さな甲殻類たち。彼らは食物連鎖の底辺に位置し、ありとあらゆる生物の食べ物となって、海の生態系を下支えする存在だ。カイアシたちの大半は、ほかの生物に喰われるためだけに生まれてくるのである。

そんな悲しい定めから脱しようと、自ら運命を切り開いたカイアシ類もいる。
　カイアシ類のなかにはルシフェリンという発光物質を、ある種の酵素と反応させることで発光するものがいるが、カイアシ類の一種「ガウシア」は、その技をさらに進化させることに成功した。自らが光るのではなく、発光物質を射出するのだ。
　発光物質は、時差式で反応する。射出されて数秒後、爆発するかのように閃光を放つのだ。
　時限信管で起爆する三式弾のようなもので、不意をつかれた敵は強烈な光で、目を眩ませる。

カイアシを狙って近づいたギガントキプリスは、この時限式閃光弾の炸裂を喰らうと、まともに泳げなくなるという。抜群の集光能力が仇となり、強烈な光で視覚がオーバーロードしてしまうのだ。
　しかし、生物の進化は今も進行中だ。100万年後には、ギガントキプリスは閃光に耐えるような遮蔽シールドをもつようになるかもしれない。
　そして、ガウシアの閃光弾は、さらにその輝きを増す。生物界の軍拡に終わりの文字はない。

ノコギリエイ

　ノコギリエイはそれほど変な生物とは思われていないかもしれない。普通に水族館で見られるからだ。
　だが、考えてもみてほしい。鼻先がピノキオみたいに伸びているのである。しかもそれがノコギリになっているというのである。稚拙というか、マンガというか、子供の落書きみたいだ。
　しかし、そんな変てこな生物がこうして実在し、数百万年も前から生き残ってきているのだから、地球という星はつくづくおかしい。

　このノコギリが切るのは、木ではなく魚だ。ノコギリエイは、このノコギリで獲物をさばいて喰う。
　さばくといっても、やたらめったらと鼻先を振り回すだけで、板前の技にはほど遠いが、ウロコが硬質化し、硬くとがったノコギリの歯は非常に鋭く、魚は簡単に真っ二つになってしまう。人間を襲ったりはしないが、なかにはこのノコギリが1メートルにも及ぶものもいるので、うかつには近寄れない。

　しかし、この一見荒っぽい道具は海底をスキャンし、100万分の1ボルトという極微弱な生物電気を感知して砂に潜った魚やカニを探知する精巧な電気センサーでもある。繊細にして無骨な、優秀な装備なのだ。
　このノコギリが魔除けになる、さらには、精力剤や医薬品の材料、フカヒレスープの材料になるということで乱獲が続き、ノコギリエイ類は数を減らしている。写真のノコギリエイの一種「グリーン・ソーフィッシュ」は絶滅危惧種リストに入っている。

ノコギリビワハゴロモ

　戦国時代の日本には「のこぎり挽き」という残虐な刑罰があった。罪人を首だけ出して地中に埋め、竹製の粗いのこぎりで少しずつ首を切っていくのだ。

　この昆虫の頭部は、まるでその竹のこぎりのようだ。いかにも禍々しい姿形で、闇にまぎれて飛んできて、のど笛をかっ切りそうである。「現地では悪魔の槍をもつ虫という名で恐れられている」とか何とか書きたいところだが、実はそんなことはまったくない。

　この昆虫は「ビワハゴロモ」という風雅な名前の昆虫の一種で、普段はまったく地味な姿だが、鳥などに襲われると、翅を大きく拡げて相手を威嚇することで知られる。もちろん、敵を驚かすだけの効果しかない。

　ノコギリ状の頭部はまったくの見かけ倒しで、葉っぱひとつ切れない。いわば竹光である。

　この昆虫は見かけだけで、厳しい自然界を渡っているのだ。人生にはハッタリも必要だということの見本である。

ノコギリイッカクガニ

　「海のザトウムシ」とも呼ぶべき繊細な体型、大きさも手のひらサイズで、脚ばかりがひょろ長い。
　ちょっと波が強いとバラバラになってしまいそうだ。面長の顔はどことなく呑気そうで、人の良い親戚のじいさんといった風情だ。
　サンゴ礁や岩穴の中に棲み、ゴカイ、ウミケムシ、藻類などを捕食する。日中は巣に隠れ、日が暮れると食糧探しに現れる。
　しかし、サンゴ礁は魚のえさ場でもある。いくら隠れていても、敵は見逃してくれない。
　そこで、ノコギリイッカクガニはノコギリ状になった頭部で身を守るのだが、何しろ体型がこれなので、その武器もあまり頼りにならない。モンガラカワハギのような、削岩機みたいな歯をもった魚に見つかったら最後、即座にバラバラにされてスナック菓子のようにポリポリと喰われてしまう。

ヒメハナグモ

　植物などに擬態して獲物を待ち伏せる生物がいる。これを「攻撃型擬態」という。

　もし、人間に攻撃型擬態の天敵がいたらどうなるか。
　道を歩いていると、マンホールに引き込まれる。手紙を出せば、郵便ポストに喰いつかれる。コンビニに入ったら、コンビニに化けた生物の胃の中で、そのまま消化されてしまう。
　荒唐無稽と思われるかもしれないが、生物たちは実際、こんな奇妙な罠だらけの環境で生きているのだ。
　ヒメハナグモはいつも花の中にいる。洒落た暮らしのようだが、ここは彼らの狩り場だ。花で待ち伏せて、飛んでくる昆虫を狙うのである。
　花に隠れるわけではない。赤い花、黄色い花、白い花、彼らは花の色そっくりに体色を変えて花にとけ込んでしまう。蜜の香りに惹かれて飛んできた昆虫は、一瞬の後には強力な前脚に捕えられ、体外消化されて肉をすすられてしまう。

　食事を終え、動きを止めるとクモは再び花の中にとけ込んでゆく。鳥が飛んできて、虫はいないかとあたりを探っても、一輪の花が風に揺れているだけだ。

ハナカマキリ

　ハナカマキリも花に化ける。ヒメハナグモと同じく、花にカモフラージュして、獲物を待ち伏せるのだな、と思っていたら、花ではなく葉っぱの上に鎮座している。隠れるどころか目立ちすぎだ。
　だが、これでいいのだ。ハナカマキリの擬態は、花に身を隠すという消極的なものではなく、自らが花になりきって昆虫をおびき寄せる攻めの技だ。しかも、さらに高度な奥の手もある。

　ただの白い花でも紫外線を通すと、中央が黒く見えたりする。これは紫外線を認識する昆虫に「ここに蜜がありますよ」と誘導するための「蜜標（ハニーガイド）」だ。
　ハナカマキリの体は、この蜜標と同じ光の反射スペクトルをもつ。つまり紫外線を感知する昆虫には、ハナカマキリは蜜のありかに見えてしまうのだ。
　アブが、チョウが、催眠術にかかったようにハナカマキリに向かって飛んでくる。蜜を吸おうと口吻を伸ばしたその0.03秒後には、チョウは哀れな肉塊と化している。甘い蜜の壺から、突然、死神の鎌が振り下ろされる。悪魔のハニー・トラップだ。

　山にも森にも草原にも、こんな精妙で恐ろしい、回避不能の罠はあちこちに仕掛けられている。
　自分は蝶になった夢を見ていたのか、それとも今の自分は蝶が見ている夢なのか、と悩む荘子の「胡蝶の夢」の説話は有名だが、もし蝶だったのなら、荘子は生き残れないに違いない。

ハエトリナミシャク

　ちまちまとした動きもかわいい愛嬌者のシャクトリムシが、実は肉食だと知ったらどうか。意外すぎて「まさかあの人が…」というワイドショーのコメントのような感想しか出てこない。
　小枝に化けてひたすら待ち構え、昆虫を捕えて喰い殺す、肉食性のシャクトリムシがハワイで発見されたのは、1970年代のことだ。
　彼らの背中の毛は一種のスイッチで、これに昆虫が触れるとムチの一撃のように体がしなる。一瞬の後には、獲物はそのかぎ爪のような胸脚で捕えられ、むさぼり喰われる。
　シャクガ科のガ、カバナミシャク類は1000種以上が知られるが、ハワイのカバナミシャク類だけが、なぜか肉食である。
　ハワイは地理的に隔絶されているため、独自の生態系が築かれ、蛾が進化の過程で肉食性に移行したのではないかと推測されている。
　「常夏の楽園」などと浮かれている場合ではない。ここは隠れたガラパゴスかもしれないのだ。

オオグチボヤ

　海の底も底、深度1000メートルに達する深い海の闇の中で、大爆笑しているかのようなオオグチボヤ。深海性のホヤの一種だ。

　ホヤは海底の岩に貼りついて暮らす、尾索動物と呼ばれる海産生物の一種だ。日々、入水孔から水を取り込み、有機物や微生物を濾しとって、出水孔から排水するという水道局みたいな地味な仕事をしている。

　オオグチボヤは深海で生きる選択をしたホヤの一種だ。食べ物が極端に少ない、凍りつきそうな低水温の中では、普通のホヤのように悠長なことをしていては埒があかない。
　そこで、彼らは入水孔を極端に肥大化して大口と化し、入り込んだ有機物や微生物があれば口をぱっくんと閉じて飲み下してしまうという、大胆な技を身につけた。かくして、深海でホヤが大爆笑という、ナンセンスな状況が生まれた次第だ。
　獲物が入れば口をすぼめて、だんまりをきめこむが、やがてまた、高笑いをはじめる。静寂と暗黒の中、この無言の爆笑劇は、いつ果てるともなく続くのである。

愛す

自分

守るた

　生物はみな利己的だ。
　何しろ地球の生態系は、生物がほかの生物を喰うことで成り立っているのだ。
　狩猟の技が進化すれば、狩られる側は、この身が大事とばかりに防御能力を発達させる。
　この際限のない軍拡が何万年にも及んだ結果、生物たちは魔法のような防御能力を身につけるに至った。ファンタジー小説をひもとかなくても、魔法は自然界に実在するのである。

　写真のサナギは、純金製に見える。
　「黄金のサナギ」などと呼ばれて、トレジャーハンターの標的にもなりそうだ。
　これはトラフトンボマダラチョウのサナギだ。
　この質感、色彩も昆虫の生存戦略だといわれている。
　キチン質の薄い膜が重なった層に、光が干渉することで形成される「構造色」により生じるメタリックな外観は、周囲の色彩をことごとく映し出し、サナギ自体はその中に隠れてしまうというのだ。
　つまり光学的な迷彩を施しているのである。それが本当なら、これは擬態（ぎたい）の究極形かもしれない。

　では、こんなサナギから羽化するのは、これまた全身メタリックな、ロボコップみたいなチョウかと思いきや、現れるのはごく普通のチョウである。

グラスフロッグ

　透明になりたい、という願いは大抵不純な動機によるものだが、透明になりたいと思う生物がいるなら、そこには「敵に喰われたくない」という切実な願いがあることだろう。

　「グラスフロッグ」と呼ばれるカエルの一種は、中南米の濃霧に覆われた山地、熱帯雨林などで発見されてきた。皮膚が半透明で内臓が透けて見え、まるで3Dレントゲンで撮ったかのようだ。
　これはもちろん、敵からその身を隠すためだ。しかし、こんな中途半端な透明化でいいのか、内臓ばかりが目について、かえって目立ってしまうのではないかと心配になってしまう。
　だが、彼らは夜行性で、体長も非常に小さい。夜の闇の中、木の葉の上にいれば、透明擬態（ぎたい）は十分機能すると考えられている。しかし、あまりに脆弱（ぜいじゃく）な体ゆえに、激しい雨に葉の上からたたき落とされ、そのまま死んでしまうこともあるという。

　彼らの子供、オタマジャクシは透明ではない。葉の上に産みつけられた卵から孵（かえ）ったオタマジャクシたちは、雨とともに小川に移る。
　普通は成長するにしたがって強く大きくなるものだが、彼らは大きくなるにつれ、どんどん存在感を希薄にさせていくのである。

コモリガエル

踏みつぶされたみたいにぺしゃんこだ。

どこに内臓が入っているのか不思議だが、体が平たいおかげで、水底の落ち葉や倒木などにまぎれることができる。透明化とはまったく異なる方向、平たくなるという独自の道を歩んできた二次元ガエルである。

平たいのは身を守るためだけではない。待ち伏せて、小魚などを捕えるためでもある。コモリガエルの前足には一種のセンサーがついており、これに触れるとコモリガエルはバネ仕掛けのように反応し、手で獲物をかき寄せて、その大口で吸いこんでしまう。

しかし、コモリガエルの最大の特徴は、何といってもその子育てのやり方にある。

母カエルは卵を産むと背中に乗せる。卵はやがて背中に埋没し、たくさんの穴が開いて、それぞれの子供たちの「育児室」となる。

タコ焼き用の鉄板みたいな背中になった母カエルは、その育児室で子供たちを育てる。そして孵化から100日後、小さなカエルとなった彼らは、母に別れをつげ、次々と保育器から巣立っていく。

何と感動的な光景だろう……と締めくくりたいところだが、うごめくイボイボの中から子ガエルたちが飛び出していく様は、有り体にいって気色が悪い。だがそれは母の慈愛に満ちた、尊い瞬間なのである。

ジェリーフィッシュ・ライダー

　クラゲに乗って生活する小さな生物がいる。
　これを「ジェリーフィッシュ・ライダー」と呼ぶ。「クラゲに乗る者」の意味だ。
　ジェリーフィッシュ・ライダーの正体は、イセエビやウチワエビなどのエビ類の幼生、簡単にいえばエビの子供だ。
　エビなどの甲殻類（こうかくるい）の幼生は、魚類などの絶好の獲物だ。そこでエビの幼生のなかには、クラゲに乗って身を隠す者が出てきた。
　だがそれだけではない。幼生はクラゲを食べてしまうのである。図々しいにもほどがある。
　もちろんクラゲにとっては何のメリットもない。寄生されているようなものだ。

　乗ってよし、隠れてよし、食べてよし、とエビ幼生にはいいことづくめのクラゲ生活だが、海に「絶対安全」などは存在しない。
　突如現れた、惑星のように巨大なウミガメに、クラゲごと喰われてしまうこともあるからだ。

オヨギゴカイ

　脚がたくさんあって、一見ヤスデかゲジゲジだ。いかにも女性に嫌われそうな姿をしている。
　だが、実はこの生物は大変に美しい。

　オヨギゴカイは一生を浮遊して過ごすタイプの生物だ。常に水中を泳いで暮らしているが、その姿は泳ぐというより、滑らかに宙を舞っているようで、華麗というほかはない。
　さらに、オヨギゴカイは美しく光る。
　オヨギゴカイは敵を攪乱するため、体から発光物質を放つ。化学的には「ルシフェリン＝ルシフェラーゼ反応」と呼ばれる酵素の反応だが、その夢のような青い光は、人を幽玄の世界に誘う蛍火のようだ。

　闇と静寂の中に、ふいに光が放たれる。
　美しい青い光に照らされ、ほんの束の間、生物が身を踊らせるのが見える。
　オヨギゴカイの防御は、暗い海の中で不意に始まり、不意に終わる、無音の花火のようだ。
　そして、次の瞬間には何事もなかったかのように、再び重い闇が辺りを押し包む。

チマキゴカイの幼生

　チマキゴカイはゴカイの一種だ。砂や貝殻の破片などを粘液で固めた「棲管(せいかん)」と呼ばれる管を砂底に埋め、そこを棲(す)みかとする。太めのミミズの頭部に触手がついたような、楽しくない姿形である。
　そのチマキゴカイは、幼生の頃は親とは似ても似つかない姿をしている。似てないどころか、ミトラリア幼生と呼ばれるこの子供は、生物というより何かの電子部品のようだ。

　そして、この幼生は小さいながらも光を発する。
　これも敵を攪乱(かくらん)するためだが、その光の反射はあまりに美しく、かえって相手を惹(ひ)きつけてしまいそうな気がする。

　しかし、海の中ではこの虹色の光が、敵の目を眩(くら)ませるのに十分な役割を果たすのだ。幼生は極小のネオンのように輝き、やがて立派に成長して、地味な太めのミミズとなって砂に潜るのである。

クズアナゴと呼ばれるウナギ目の一種。深海性で虹のように光る。
生物発光ではなく、わずかな光が体の微細な構造に干渉し、さまざまな色に見えるのだ。
美しいクズである。

タラバガニの一種。全身にくまなくトゲをはやしている。
トゲという防御手段は、単純だが有効だ。
有効なのだろうが、生きるのがしんどそうだ。

トゲグモ類はトゲと毒々しい色彩で、多くの捕食者たちを警戒させることに成功してきた。
だが、英語で「星グモ」「宝石グモ」などと呼ばれるように余計な魅力を放ち、
逆に人間の興味を惹(ひ)くようになってしまった。
特にメタルファッション系には要注意だ。

オオナガトゲグモ

　昔は、嫉妬や怨みに狂った女には角が生える、といわれた。婚礼で花嫁がかぶる「角かくし」は、嫁が鬼になる事を防ぐまじないであった、という俗説もある。

　角を生やした般若の面は、怨みを抱えて地獄に堕ちた女が現世に舞い戻った姿とされる。
　日本では「角」は単に強さの象徴ではなく、執念が角質化したような、痛々しくも禍々しい印象が強い。

　オオナガトゲグモのトゲは、まるでこの鬼女の角のようで、うっかり触ると指を刺し通しそうだ。
　鳥なども目をやられるのを警戒して、うかつには近づかないだろう。
　より長いトゲをもつ個体が生存競争に勝ち残ってきた結果、彼らの角はここまでに伸びてきた。
　鬼女の角には怨みがこもっているが、オオナガトゲグモの角は、何としても生き抜こうという、生への渇望が具現化したようでもある。生存競争は苛烈で容赦ないが、そこには怨みも憎しみもない。

ハゴロモ科の昆虫の幼虫には、
尻からファイバーグラスのようなものを放射状に出しているものがいる。
敵に喰われにくくするため等の説があるが、はっきりとはわかっていない。
こんなにも、あからさまに奇妙であるのに、わかっていないのだ。

ヒメアルマジロ

　手のひらサイズのアルマジロで、色がピンクである。わざとしたようにキュートな容姿だ。
　背は鱗甲板（りんこうばん）と呼ばれる甲羅（こうら）に覆われているが、指で押せばぷよぷよとへこむ頼りなさ。腹部は純白の和毛（にこげ）に覆われていて、足ばかりがやたらと大きい。
　そのあまりに可憐（かれん）な姿から「妖精アルマジロ」とも呼ばれる。
　妖精は、はかないのが常で、この可憐（かれん）なアルマジロも環境破壊の影響で、近い将来絶滅する可能性が非常に高いといわれる。

ニセハナマオウカマキリ

　漢字で書けば「偽花魔王蟷螂」、英名では「Devils Flower Mantis」と、その名はまるでダークヒーローか、KISSのニューアルバムのようだ。

　けれん味たっぷりの衣裳に派手なパフォーマンスは、ステージから観客を煽る往年のグラムロック・スターか、または地の底から現れ、民草どもを震え上がらせている地獄の魔王のように見える。
　だが、実は震えているのはカマキリの方だ。王やスターの心の内が、花のように繊細なことがあるように、彼の心は恐怖でいっぱいだ。

　カマキリは、敵に襲われると翅を拡げ、鎌をふり上げ、自分をより大きく見せて、相手を威嚇する。
　ニセハナマオウカマキリは、この度合いがことのほか激しい。ストレス反応が非常に強く、すぐに驚いてしまうので、ちょっとしたことでもすぐ反応する。
　この派手な色彩も、威嚇のための張り子の虎。普段は葉に擬態した背中を見せて、ひたすら獲物を待ち続ける地道な勤め人だ。
　できれば敵を威したりすることなく、安泰に一生を終えたいが、心の内ではいつもびくびく、箸が転んでも威嚇のポーズだ。
　弱い犬ほどよく吠える。魔王の威光は、その名のとおり、ニセモノなのだ。

スズメガの一種の幼虫。「眼状紋」と呼ばれる目玉模様が特徴。
自分をヘビだと思わせて鳥を追い払う。効果的とみえて、眼状紋を背負う幼虫はたくさんいる。
目玉模様にはさまざまなバリエーションが生じるが、この幼虫の模様は異星人風だ。

眼状紋を背負うのは、チョウやガの幼虫だけではない。アフリカメダマカマキリは、プリミティブアート風の眼状紋をもつ。いきなり翅を拡げれば、鳥は眼前に大きな動物が現れたと思うだろう。それにしてもこの目玉模様の筆致は見事である。ピカソの素描のようだ。

「おい、バスタオルが水に落ちたぞ」「お父さん、あれはタコよ」「は？」

ムラサキダコ

「サメに襲われたときは、ふんどしをはずせ。サメは自分より大きな相手だと思って襲わない」
　昔の漁師の間には、こんな言い伝えがあったという。
　いかにも俗信のように思えるが、これには多少の真実が含まれている。ムラサキダコは敵に襲われたときに同じようなことをやるからだ。

　このイカのような姿のタコは、敵に襲われそうになると腕の間に格納した膜を拡げる。
　それは長さ2メートルにもなる生きたカーテンで、サメなどは相手を巨大と見て攻撃をやめる。それでも危ないとき、ムラサキダコはこのカーテンをトカゲのしっぽのように自切する。敵がカーテンに気を取られているうちに、逃げおおせるのだ。
　ムラサキダコはほかのタコのようにスミも吐く。昔は煙幕と考えられていたが、最近はこれがウツボなどの嗅覚を麻痺させる化合物であることがわかった。ムラサキダコは防衛能力が発達したタコのなかでも、特に優れた能力をもつのだ。

　しかし、最も奇妙なのはオスの存在だろう。
　ムラサキダコのメスは全長80センチほどあるが、オスの全長はその100分の1、体重に至っては4万分の1しかない。ムラサキダコのオスにとってメスは、山とか大地のような存在なのだ。
　生物界には、こうした極端な雄雌差があるものがいる。こうしたオスには、「矮小雄」という哀しい専門用語がつけられている。

カフスボタンガイ

　最新のポップアートか、創作和菓子のようでもある。よく冷やして抹茶といただきたい。
　この不思議な物体は生物で、英名は "Flamingo Tongue Snail"、つまり「フラミンゴの舌カタツムリ」という。ますます訳がわからない。

　どう見ても人工物のように思えるが、これは貝の一種だ。ある種のサンゴや、ウミウチワなどに寄生して暮らす。この妙な模様は貝殻のみならず、外套膜、つまり貝の「お肉」の部分にも続いている。プリントされたかのようでますます人工的だ。
　この不思議な柄は、警告色ではないかといわれている。自分は有毒だと捕食者にアピールしているのだ。
　しかし、それならどうしてもっと毒々しい不快な色の取り合わせにならず、こんなキュートな模様になってしまうのか。人間の目からは、むしろ人目を惹いているようにも見える。

　しかし、生物は人間の美観などとかけ離れた基準で動いている。これを見てすたこらと逃げ出す捕食者もいるのだろう。だが、海に絶対の文字はない。ベラはこの警告色もまったく無視、カフスボタンガイをあっさりと喰ってしまう。

有毒であることをアピールする警告色をもつ生物のなかで、最も有名なのがヤドクガエルだろう。
この生きる宝石ともいえるような体に、わずか20マイクログラムで人間を殺せる、
アルカロイド系の神経毒が分泌されている。
近年の研究で、ヤドクガエルは獲物となるダニやアリから毒の成分を生成・蓄積しているらしいことがわかった。
彼らはその鮮やかな表皮に、ダニ由来の毒を分泌させている。
そう知ったとしても、やはり人間の目は彼らに惹きつけられる。
美と危険は往々にして背中合わせだ。

キンチャクガニ

　キンチャクガニは、両手に「ポンポン」のようなイソギンチャクを持っている。このイソギンチャクに食物をとらせたり、タコを追い払わせたり、さまざまに利用して生きているのだ。

　一方的に使役(しえき)しているようだが、実はイソギンチャクに依存しているともいえる。キンチャクガニのハサミは、イソギンチャクをはさむ機能だけに特化しており、ほかのことはろくすっぽできないからだ。他者への依存もここまでくれば立派である。

　不思議なのはイソギンチャクの方だ。

　彼らは単体で発見されたことはなく、カニにはさまれた状態でしか見られないのだ。

　その謎は近年判明した。このイソギンチャクは実は「カサネイソギンチャク」という種で、カニにはさまれると色も形態も変化してしまうのだ。

　理由は不明だが、カニと共に生きる定めを受け入れ、自らの性質を変えてしまうのかもしれない。

　人買いに売り飛ばされた先で、かいがいしく働いているようで思わず哀れをもよおしてしまうが、イソギンチャクが本当のところ、どういうつもりでいるのかは誰も知る由(よし)もない。

ツノトカゲ

　爬虫類、というだけで嫌う人は多い。だが、ツノトカゲは、カエルのようにずんぐりむっくりの体躯、短い足、つぶらな瞳と、愛される要素が満載だ。

　しかし、この瞳は可愛いだけではない。武器にもなる。ツノトカゲは目から血を射出し、敵を攻撃するのだ。昭和のロボットアニメみたいである。

　砂地への擬態やツノによる防衛もむなしく、ツノトカゲは、ヘビ、コヨーテ、オオカミ、タカなどさまざまな動物に狙われる。これらの執拗な敵を撃退するため、ツノトカゲは目から血を噴く、というおよそ考えられないような技を身につけた。

　出血ビームは相手を驚かすだけではない。その血にはコヨーテなどが嫌う化学物質が含まれている。射程距離は1メートル、後方の攻撃も可能、体中の血液の3分の1を発射することができる。人間だったら確実に失血死だ。小さい相手と見くびったコヨーテやオオカミは、すごすごと逃げ去るほかはない。

　他に類を見ない撃退法だが、それにしても、いかなる進化の過程を経たら、一介のトカゲがこんな能力を身につけられるのだろう。

発射後は静養が必要だ。

カメノコハムシ類には、宝飾品と見まごうようなものもいる。
だが彼らの幼虫には、美しい成虫とは似ても似つかぬ姿で、
さらには背に「糞冠」と呼ばれる糞の塊を背負い、身を守るものがいる。
その姿はまことに奇怪で、成虫とのあまりの落差に、開いた口がふさがらない。

オオミミトビネズミ

　体の半分ほどが耳で、カンガルーのように飛び跳ねる。体長わずか7センチ。モンゴル、中国の砂漠地帯に棲(す)み、夜行性で、姿を確認することは難しい。

　何だか伝説の動物のようだ。2007年にイギリスの研究者が撮影に成功するまでは、実在するとは思えなかった。しかし、この目で見てもオモチャかアニメのキャラクターのように見える。

　哺乳動物のなかで、体に対する割合が最も大きいその耳は高感度レーダーだ。オオミミトビネズミの微細な聴覚は、彼らの敵、フクロウのわずかな羽ばたき、風切り音も聴き逃さない。

　そして、この耳は逆に狩りにも使われる。このレーダー耳は空中を飛ぶ小さな羽虫の羽音(はおと)も聴き分け、飛び跳ねていっては、狙(ねら)い違わず喰いつく。

　彼らは「砂浴び」をすることで知られる。砂の音と振動で互いにコミュニケーションするといわれる。聴覚が彼らのすべてといってもいい。

　彼らはその鋭敏な聴覚で、己(おのれ)の運命をも感じ取っているかもしれない。オオミミトビネズミは絶滅危惧(きぐ)種なのだ。

　未来に、彼らが跳ね回る場所は残っているだろうか。

さまざまな捕食者につけ狙われ、狩られてきた幾多(いくた)の生物。
彼らはどれだけ大空に逃れることを、熱望してきたことだろう。
「夢はかなうよ」などといえば陳腐(ちんぷ)な歌だ。
　だが、何万年という時の流れは、地べたを這いずり回るだけの
トカゲたちの空への憧れ、飛行への切望を
ついに遺伝子に通じさせたのだ。
いつしか皮膚は広がって翼となった。
肋骨がその骨組みとなり、木から飛び降りることを覚え、
ついに彼らは揚力(ようりょく)を得た。

グライダーのように滑空するトカゲ、トビトカゲの誕生である。

トカゲに続けとばかりに、今度はヤモリが飛び始めた。
トビヤモリは、パラシュートのような水かきと、平たくなった体で空気抵抗を生じさせ、空を泳ぐように滑空する。
この能力は彼らの生存率をどれだけ高めたことだろう。

母さん、ボクたち、飛べるよ！
飛べるようになったんだ！

ヒャッハー！

負けじとカエルも飛ぶ。
ヘビを尻目に風に乗り、数十メートルも滑空だ。
飛行能力を身につけたトビガエル、もう何も怖くない。

ばーか。ヘビのばーか。
文字どおり手も足も出ないだろう。

悔しかったら飛んでみな！

ヘビは怒って追いかけてきた。
無言のところがまた怖い。
高い木から大胆にジャンプをきめるが、
ただパラシュートのように落ちるわけではない。
トビヘビは拡げた肋骨と平たくなった体で、
ちゃんと揚力を生み出せるのだ。
もちろん飛行もコントロールできる。

ヘビを怒らせてはいけない。

もう何が飛んだって不思議はない。
ついにはイカも飛びはじめた。

トビイカは海水をジェット噴射して離陸、ひれと腕を拡げて
揚力を生み出し、大空を滑空する。マグロやイルカなどの
天敵から逃れるためだ。
水中からいきなり空中だ。生物は進化の過程でさまざまな生きる
知恵を獲得していくのである、などと理屈をいわれても、
やはり空飛ぶイカなどとはにわかには信じ難い。
しかし、進化は現在も進行中だ。
遠い未来では、ヒトデやウニやイソギンチャクが、
ドローンのように空中を飛び回っているかもしれない。

カメレオン

　保護色といえばカメレオン、周囲の環境に合わせて体色を変えて身を隠すカモフラージュの名人だ。
　誰もがこう思っていた。「カメレオンはニンジャ」というような比喩も、数えきれないほど使われてきた。

　だが、近年これは大きな誤解であることがわかった。カメレオンは周囲の色彩に必ず同化するというわけではない。熱、光の強弱から、敵への威嚇、なわばり争い、求愛、怒り、驚き、恐怖、その日の気分などによって体色を変化させるという。
　つまり、体色の変化は保護色だけでなく、一種のコミュニケーション手段として使われているのだ。また、余分な太陽光を遮断したり、体温調整をしたりといったこともできるという。
　カメレオンの皮膚には、微細な結晶を含む細胞の層が存在し、これが複雑に反応してさまざまな色彩を作り出している。
　仕組みがさらに解明されれば、いつかカメレオンと「お話」ができるようになるかもしれない。

　それにしても「カメレオンの保護色」という概念は、あまねく浸透しすぎてしまい、今更もう変えられそうにない。ウッディ・アレン監督の「カメレオンマン」なんて、映画のコンセプト自体が成り立たない。
　我々がカメレオンに対する認識を改めるには、相当の時間がかかりそうだ。

しない者たち

存在

　いわゆる「自然界の驚異」に生物の「擬態(ぎたい)」がある。生物が何かに化けて、捕食者から身を守ることだ。
　その能力はあまりに驚異的で、奇跡のようだ。「すべての生物は神が設計した」などといいたくなる気持ちもわかる気がする。
　だが，生物がここまで進化するのには、何万年、何百万年という時間がかかっているのだ。
　突然変異、環境の変化、自然淘汰(とうた)、遺伝子の伝達が、永劫(えいごう)ともいえる時間の流れのなかで、生物をさまざまに形づくってきた。
　もし生物たちのさまざまな能力を奇跡というなら、それはこの途方もない時間の蓄積(ちくせき)を指すのだろう。

　写真の昆虫はコノハチョウ。
　その名のとおり木の葉にそっくりで、翅(はね)を閉じると枯れ葉そのものになりきってしまう。
　彼らが舞う姿は、落ち葉がふいに生命をもったかのようだ。地味な妖精といった風情である。

枯れ葉そっくりのカレハバッタ。
どこからどう見ても枯れ葉だ。
葉脈、破れ目、汚れ加減など、実に芸が細かい。
誰がこれをバッタと思うだろう。彼らは絶対に安泰だ。
落ち葉の中にいる限りは。

カレハバッタに勝るとも劣らぬ擬態の技をもつ、カレハカマキリ。
カレハバッタは身を隠すために枯れ葉に化けるが、
このカマキリは獲物を狩るために化けるのである。
もし、カレハバッタとカレハカマキリが同じ場所にいたとしたら、
映画などによくある「先に動いた方が負け」という勝負になるだろう。

擬態(ぎたい)するのは、もちろん昆虫だけではない。
これは枯れ葉に化けたエダハヘラオヤモリ。
色や質感もさることながら、目玉まで枯れ葉だ。
獲物になる昆虫は、枯れ葉に喰われたとしか思えないだろう。

枯れ葉にまぎれたカンムリヒキガエル。
色もさることながら、この小ささがポイントだ。

葉脈の再現度も素晴らしい、コノハツユムシ。
この擬態(ぎたい)の精度で、しかも夜行性ということであれば
もうほとんど敵に見つかる心配はないかと思えば、
多くの動物の食糧となって森の生態系を下支えしている存在だという。
甘くない。自然界は甘くない。

コノハツユムシとはまったく逆の目的で葉っぱに化ける、コウシュウコノハカマキリ。
身も心も葉になりきり、自己を滅却して獲物を待つ。

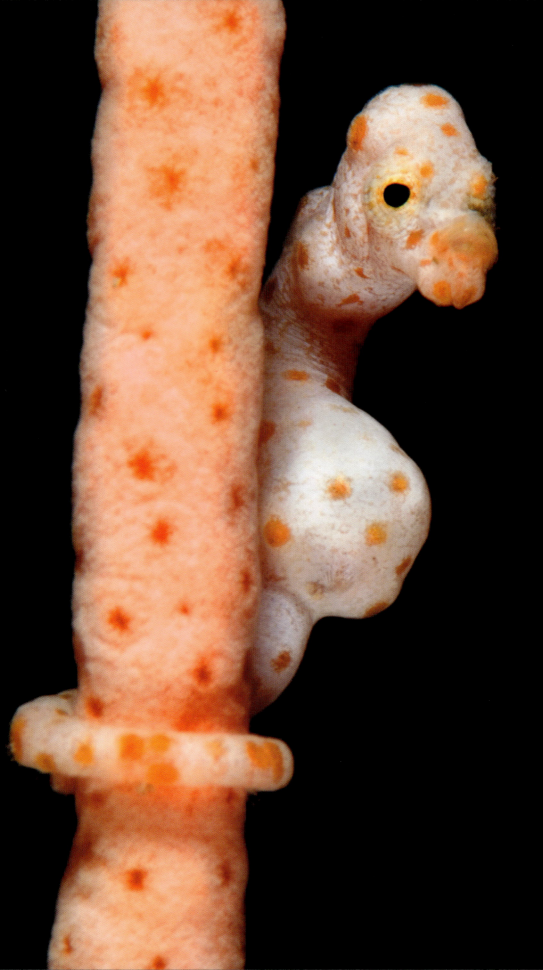

ヤギサンゴに巻きついて、チラリとこちらを覗いている、
ピグミー・シーホース。タツノオトシゴの一種だ。
ヤギサンゴの水玉模様を律儀に真似ている。
大きさは2センチほどと、とても小さい。
まさに「ピグミー（森の小人）」だ。

ボロカサゴ類はその名のとおりボロをまとったような姿だが、
ボロカサゴの親戚、ホウセキカサゴは異様なほど鮮やかな色で、
豪華なのか、みすぼらしいのかよくわからない。
あまり泳ぎもせず、海底でふらふらとしているのは、
海藻に擬態しているからだといわれており、
小魚が通りかかると一瞬で飲みこむ。
この「ボロ」は皮弁と呼ばれる布状の皮で、
定期的にこれがはげ落ち、新しい皮をまとう。
つまり、この魚は「脱皮」するのだ。

ピクチャーウィング・フライ

　米やケシ粒に、非常に小さな絵を描く人がいる。
　きっとこれもそういうものなのだろう。なにしろ、小さなミバエの翅にリアルな虫が描かれているのだ。
　だが、これは絵ではない。ミバエの翅の紋様だ。「ピクチャーウィング・フライ」と呼ばれる、このミバエの一種が中東で発見されたときは大きな話題を呼んだ。

　一体これは何なのか。いくつか推測はなされている。
　ひとつは捕食者を惑わすための擬態という考えだ。ミバエは敵に襲われると翅をぱっと拡げる。別の虫の出現に敵が戸惑う隙に、ミバエは逃げる。敵が翅の虫を攻撃するなら、その頭部を狙うはずだ。その部分はミバエの翅の端なので、ダメージは少なくてすむ。
　もうひとつは「クモよけ」という考えだ。
　天敵のハエトリグモなどには、ミバエの翅の虫は同族に見えるのではないか、という可能性だ。
　これらの可能性からいくと、翅の絵はリアルであればあるほど、ミバエの生存率は高くなるわけだ。
　最後は、メスへのアピールという考えだ。ミバエのオスは翅を拡げて求愛ダンスを踊るが、翅が美しければオスには有利だ。だがその場合、なぜ紋様が「虫」でないといけないのか、という疑問は残る。

　要するに確かなことは何もわかっていない。
　この謎が完全に解明されるには、相当の時間がかかるのだろう。そのときは、もっと驚くような事実が浮かび上がるかもしれない。
　実は絵のうまい猿が一匹ずつ描いていました、というような…。

昼のゴキブリ。

夜のゴキブリ。

ルキホルメティカ・ルケ

　生物のなかには、姿形を似せるだけではなく、ほかの生物の「機能」を擬態(ぎたい)する者もいる。
　他者の手口をまねる「模倣犯(もほうはん)」だ。

　南米に「ヒカリコメツキ」というコメツキムシの一種がいる。彼らは背中を光らせることで、有毒であることを捕食者にアピールする。
　近年、南米はエクアドルで発見された新種のゴキブリ「ルキホルメティカ・ルケ」は、このコメツキムシとそっくり同じ具合に背中を発光させる。毒虫に化けて敵を遠ざけるのだ。
　発光点は毒虫と同じく2か所、まったく同じ位置にある。光の色も同じなら、点滅のパターンも同じ。完璧な模倣(もほう)だ。昆虫を獲物にする鳥や獣から見たら、闇夜で光るこのゴキブリは毒虫と区別がつかない。
　調べると、このゴキブリの発光器官は非常に特殊で、洗練された構造になっていることがわかった。
　生物学者のリチャード・ドーキンス博士は、まるで誰かが設計したような、驚くべき自然淘汰(とうた)の作用を「盲目の時計職人」と表現した。うまいことをいうものだが、この「職人」はできすぎている。もし、このゴキブリの標本がなかったら、空想の産物と思うところだ。

　だが、このゴキブリはもはや地球上に存在しないかもしれない。2010年5月に発生したエクアドルのトゥングラワ山噴火で、彼らの生息地は壊滅的な打撃を受けた。それ以降、「ルキホルメティカ・ルケ」を見た者は、誰ひとりとしていないのである。

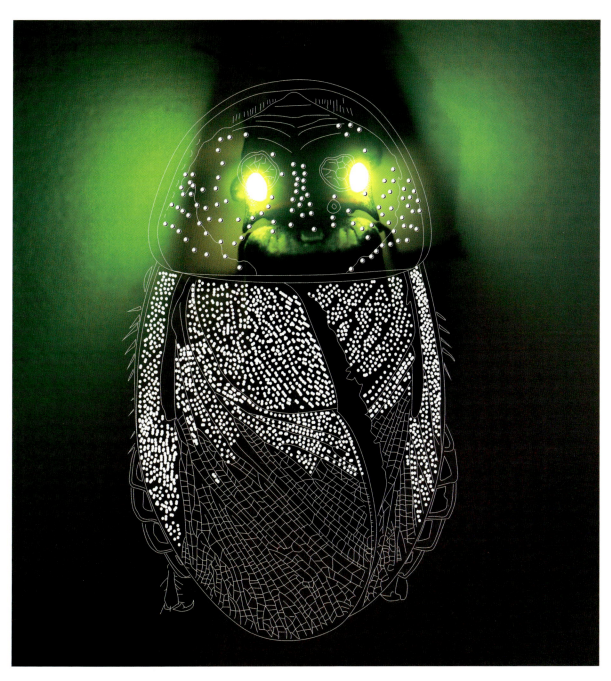

「ルキホルメティカ・ルケ」と有毒コメツキムシを重ね合わせた図。
発光点がまったく同じ位置にあることがわかる。

ミミック・アント

　これはアリではない。
　アリに化けているカメムシだ。
　ホソヘリカメムシの一種、その幼虫である。

　アリは多くの捕食者に嫌われる。まずいし、蟻酸を出すし、噛みつくし、なかには針で刺すやつもいる。小さいくせにめったやたらと攻撃的なのだ。
　このカメムシの幼虫は、嫌われ者のアリに化けて身を守る。カメムシならではの悪臭という手段もあり、防御は怠りなしといったところだが、彼らの体は非常に脆く、少しのことですぐに死んでしまう。とにもかくにも、敵に見つからないことが最重要課題だ。

　ほかにも、アリに化けて敵をやり過ごすクモや、化学物質でアリの体臭を身にまとい、アリになりきってアリの巣穴に寄生するコオロギなど、「ニセアリ」はたくさんいる。アリは使いでがあるのだ。
　なかにはさらに凝って「怒っているアリ」という「状況」を擬態する昆虫もいる。

アリカツギツノゼミ

　ツノゼミの一種のアリカツギツノゼミは、その名のとおり、アリをかついでいる。

　ただのアリではない。「怒ってアゴをふりかざし、戦闘態勢に入っている」状態のアリだ。

　これを見たら、いくら腹を減らした捕食者でも「げ、怒ってる……」と避けることは請け合いだ。完成度の高い擬態といえよう。

　ツノゼミは、分類的にはセミの親戚筋といえるが、その形態にはセミ類など遠く及ばない、多種多様なバリエーションがあるのが特徴だ。

　擬態をするツノゼミは何種もいる。だが、なかには擬態だか何だか、訳のわからない者も存在する。

逆さにするとよくわかる
「怒っているアリ」

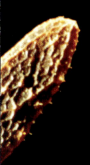

ミカヅキツノゼミは、
芽を覆う樹木の保護膜「芽鱗(がりん)」に擬態しているのだといわれる。
なるほど、そういわれればそうなのかもしれない。
しかし、かえって悪目立ちしてしまうのではないか、という思いを
おさえきれない。

これもツノゼミの一種だが、もはや擬態だか何だかもわからない。
何かが、どうにかなって、こうなっているのだ。
それ以上、何を聞いたってムダだ。

中南米に生息するユカタンビワハゴロモ。
これもセミの遠い親戚だが、姿形がどうかしている。
ワニに擬態しているという説もあるが、本当だとしたら無謀だ。
この虫に嚙まれると、24時間以内に性交しないと死ぬ、
という言い伝えがかつてあったという。
一体、誰がそういうことを言い出すのだ。

ミズカキヤモリ

　警戒する。身を隠す。擬態(ぎたい)する。
　多くの生物が、敵から逃れようと必死だ。
　しかし、そんな厳しい自然界で、アイドルばりに笑顔をふりまくものがいる。

　ミズカキヤモリというヤモリの一種は、アフリカのナミブ砂漠に棲(す)む。
　透き通るようなピンクの柔肌にくりくりの目玉。砂漠という過酷な環境に生きているというのに、その体はあまりに繊細そうだ。
　だが、これは生きるための戦略だ。
半透明の体は、砂地に身を隠すのに適している。水かきは砂堀り用で、日中は砂に身を隠す。
　大きな目は、虫をよく探せるだけではない。砂漠で唯一の水源は、霧だ。彼らははるか遠くの海から吹いてくる霧を体で受け止め、目玉にたまった水滴を舐(な)めとるのである。
　彼らの風体(ふうてい)は、この過酷な環境で生き抜いていることの証だ。しかし、そういうことを知ってさえも、文化という毒に浸りきった人間の目には「てへへ」と笑ってぺろりと舌を出しているように見えてしまう。どうしてもそう見えてしまう。

これまた無用に愛嬌のあるテングビワハゴロモ。
擬態(ぎたい)で身を隠すどころか、無用なかわいらしさで
アピールしているように思える。
こう見えて、動作は大変素早い。

アカハネナガウンカの成虫。マンガみたいだ。
偶然なのか、それとも「愉快な顔で捕食者をごまかす」という擬態(ぎたい)でもあるのだろうか。

これまたマンガだ。
「心なごます笑顔で、捕食者を避ける」という
擬態(ぎたい)でもあるのだろうか。
しかし、相手が人間だったら、
まちがいなく捕獲される。

「人面生物」というと、必ず引き合いに出されるジンメンカメムシ。
あちこちに出過ぎて、最近はもう見飽きた感がある。
じっと見ていると「歌舞伎ロボ」という言葉が浮かんでくる。

オタマジャクシのくせに、すでに老成している。
「論語」とか語り出しそうだ。
オタマに人生の道とかを説かれたりしたら、とてもいやだ。

おばちゃんの笑顔は人をなごませる。
おばちゃんのたくましさは、人を元気にする。
日本の社会では、若い女ばかりがもてはやされるが、
もっとおばちゃんを大事にした方がいいと思う。
ちなみにこれはエイである。

「ホットリップ」はアルゼンチン北部からメキシコに
かけての熱帯林に分布する低木。その名のとおり熱い唇だ。
こんなものに似てどういうつもりかと思うが、現地の男たちを
おかしな気分にさせてきたことは間違いない。

むかしむかし、ある森に一匹の美しいサルがすんでおりました。
「あたしって、ほんとうに花のようにきれいだわ」
サルはいつもその見事な毛並みをなで、
水面をのぞきこんではうっとりしておりました。
サルは美容に熱心でした。
毛色がよくなるという水があれば遠くの泉に出かけ、
声がよくなる葉っぱがあれば、高い枝にのぼってむしりました。
やがて、サルはほかの動物を殺すようになりました。
肌によいといっては、池の魚を集めて肝臓を抜き、
カエルをつぶして体液を顔にすりつけました。
あるとき、森の神がサルに言いました。
「サルよ、自分の欲望のために殺生をすることはやめなさい」
「あら、あたし、きれいでいたいだけよ。何も悪いことはしていないわ」
サルは、いろいろな動物を美容の材料にするのをやめませんでした。
「サルよ、そんなにきれいでいたいなら、永遠に美しい姿でいるがよい」
神はサルを一輪の蘭の花に変えてしまいました。

時が経ち、植物学者はこの花に
「モンキー・フェイス・オーキッド」と名づけました。
「この花はとてもサルに似ているね。でも偶然さ」彼らは言いました。
でも、本当はこれは、花にされてしまったサルなのです。
永遠に美しく、そして何を言うことも、何を感じることもなくなった、
一匹のサルなのです。

ウミウシには珍奇な色、柄をしたものが多い。
どれもこれもが現代美術のようで、コレクションしたくなってくる。
「サンゴなどカラフルな背景への擬態（ぎたい）だ」とか、「捕食者に有毒だと思わせている」などとの説明がなされているが、
彼ら自身にしかわからない、妖しい目的があるように思えてならない。

擬態どころか、自然界にはなぜかド派手な色合いをもつ生物がたまに現れる。環境変化の影響なのか、突然変異なのかわからない。遺伝的な色素の異常なのかも、わからない。わからないが、とりあえず、君たち目立ちすぎだ。

見事に赤。目立ちすぎて困る。

さらには七色の美しさで人目を惹いてしまうのもいる。
ユビワエビスという貝は、どうぞ捕って下さいといわんばかりに派手だ。
ほかの皆さんは地味に擬態につとめているというのに、
どういうつもりだろう。まったく、目立つこと、目立つこと。

ここまでくればもういうことはない。
これはコスタリカにいるキリギリスの一種。毒虫だとの警告なのか、
メスへのアピールなのか、とにかく目立つことこの上ない。
地道に擬態(ぎたい)につとめる生物がいる一方で、
こんな傾奇者(かぶきもの)が飛び回っているのだから、自然は一筋縄ではいかない。

周りに

合わせて

生きてます

こんな環境はいやだ！
そう叫んだところで、状況は何ひとつ変わらない。
世間は冷たいし、現実はつれない。
満足したければ、自分が変わるしかない。

自然界では、現実に不満を述べる者などいない。
環境にうまく適応した者だけが生き残れるという鉄則があるだけだ。

オトシブミという昆虫は、若葉を折りたたんで巻物のような揺りかごをつくり、そこに卵を産みつける。生まれた幼虫はこの揺りかごを食糧にして生きる。
自分よりはるかに大きい葉を仕立てるのは、重労働だ。人間でいったら、でかい絨毯を折ってたたんで小さな枕にするようなものである。
オトシブミは、この作業に特化した形態に進化した。首が伸び、ペンチとクレーンと裁縫ばさみを合体したような、仕立て道具となっていったのだ。

さらにこの首は別の目的にも使われるようにもなる。キリンクビナガオトシブミのオスの長い首は、闘争用のものだ。闘争といっても、互いの首の長さを競い、より長い方がメスを獲得するという変な競技みたいなものである。このろくろ首に、それ以外の使い道はない。揺りかごをつくるのはメスだけである。

すべてが「葉を糧に生きる」という道に巧みに適応し、生き残ってきた結果なのだ。偉大な大自然の知恵には、畏敬の念を感じるばかりである……と締めくくりたいところだが、あまりに変てこすぎて、どこかで何かが間違っている気もしないでもない。

ジェレヌク

あたし、ジェレヌク。
ジェーンって呼んでくれていいわ。
アフリカのサバンナにすんでるの。

あたし、立つことができるのよ。後ろ足で立って、高いところにある木の芽や葉っぱなんかを食べるの。
高いところなら競争相手もいないじゃない。
うんと伸びた首も、小さいアゴも、とがった舌も、
高い枝のトゲのある葉っぱなんかを食べるのに適しているのね。
別にそうなろうと思ったわけじゃないわ。
この環境で生きられるように適応できた者が生き残ってきた。
あたしらはその子孫ってだけのことよ。
オスとは色々あるけど、
まあだいたい楽しく暮らしてるわ。

で、悪いんだけど、そろそろ帰ってくれる？
毛のないサルって生理的にだめなのよ。

近年、無人探査器で、その生きている姿がはじめて明らかにされた深海魚、デメニギスの一種。
　頭部の"コックピット"内に鎮座(ちんざ)する、エメラルドのような2つの玉が眼球だ。この眼球は可動式で、前方、上方を常に監視、クラゲなどの影を感知すると、すかさず捕食する。
　闇の深海では、わずかな光をいかにとらえるかが勝負となるが、この魚は眼球をこのように独特のメカニズムに進化させ、深海という過酷な環境に適応してきたのだ。

　しかし、逆にいうとこの見事な適応は、彼らが生きられる場所を深海の環境のみに限定してしまっているともいえる。
　捕獲した個体を引き揚げると、そのゼリー状の透明な頭部は、崩れてしまったという。

ダイオウグソクムシ

　凍てつく海水、鉄をもつぶす水圧、そして墨を塗りつぶしたような暗黒。水深1000メートル、地球の底ともいえる深海底に大王は鎮座している。

　体長50センチ、体重1キロ、大きなかぎ爪と装甲板を備えた重戦車のようなボディは、深海の環境に適応してきた結果だが、どう見ても獰猛なハンターだ。とてもこのお方が海の掃除屋とは思えない。
　そう、戦車ではなく清掃車だ。美酒も美食もなく、臣下も王宮ももたぬこの大王は、生き物の死骸を喰らい、海の生態系を下から支える腐肉食動物である。

　ひと昔前には、深海生物などは「グロテスク」という無造作な一言で片付けられたが、昨今の深海生物ブームで、大王は巷でにわかに人気者となった。
　だが、民草の称賛の声をよそに、大王は孤高の地位を保ち続けている。
　ある水族館にいた大王は、6年間絶食して死んだ。餓死ではなかったという。常識では考えられない。
　さまざまな原因が考えられたが、いまだに解明されていない。腐肉は喰えども王族、人間の手から餌をもらうぐらいなら、死んだ方がマシだったのだろう。
　胃の中からはある種の酵母菌が混じった、不思議な液体が発見されたという。これが何を意味するかもわかっていない。世間ではにわかなブームで、ダイオウグソクムシグッズが売られたりしているが、大王は毅然として人間の干渉を拒み続けているように思える。

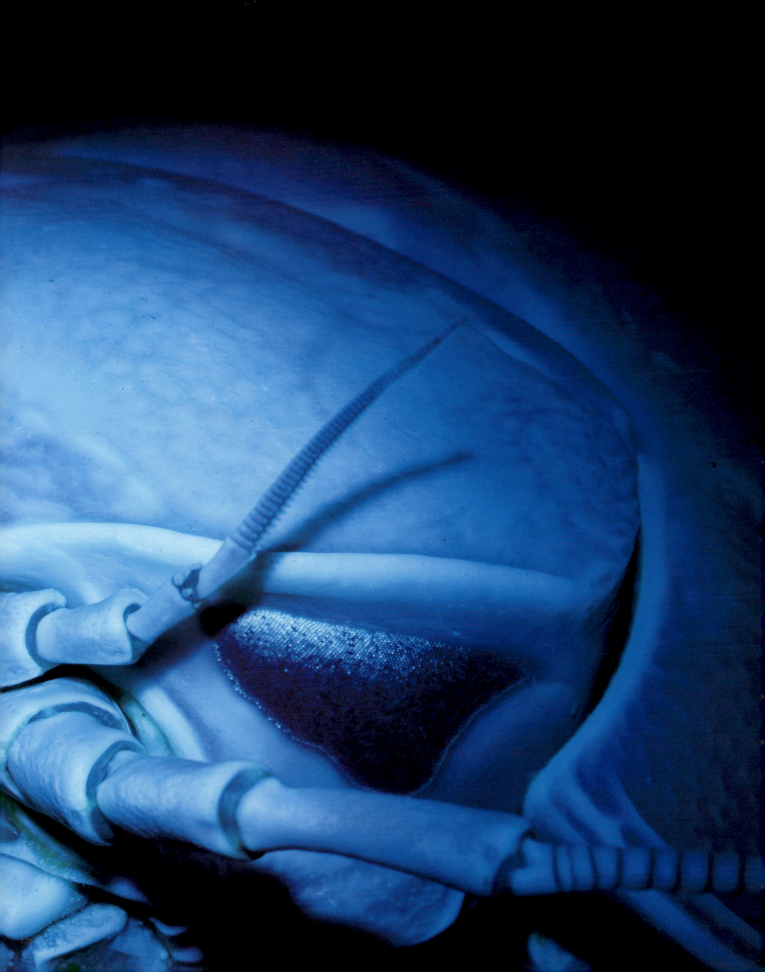

2001年、インド洋深海で偶然に発見されて以来、
各地でその姿が目撃されたミズヒキイカ。
全長7メートル、そのほとんどを占めるのが細い腕で、
大きなひれで羽ばたくように水中を舞っていた。
その姿はすべて写真か映像だけで確認されたもので、
生きて泳ぐ姿をその目で見た者は誰ひとりとしていない。

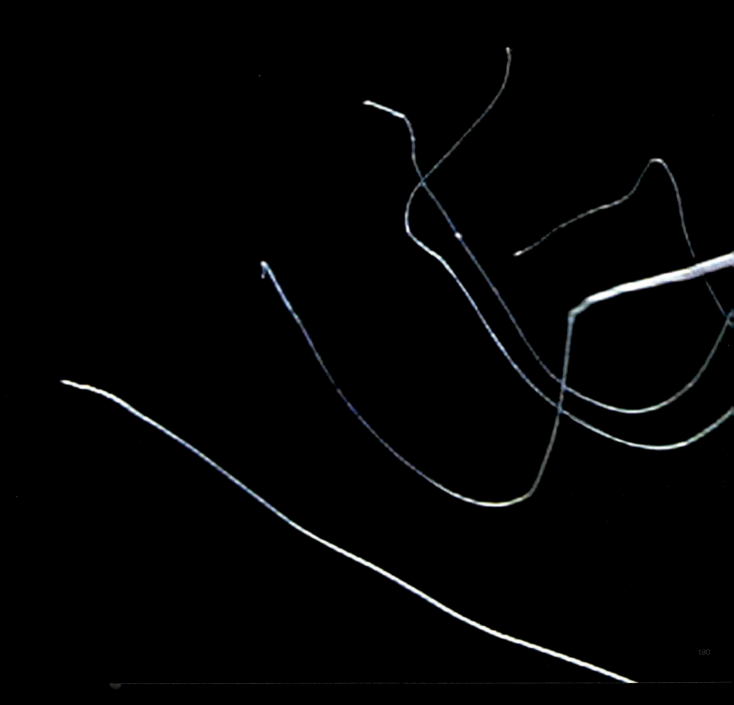

　太平洋南東部、ペルー・チリ海溝の調査で発見された深海魚、クサウオ科の新種。
　撮影されたのは、生物は存在しないと思われていた深度7000メートルの超深海底。暗黒、凍りそうな海水、極度に少ない食糧、そして1平方センチあたり700キログラムの高水圧という環境下でもこうして生物は生きている。
　すさまじいまでの適応力だ。

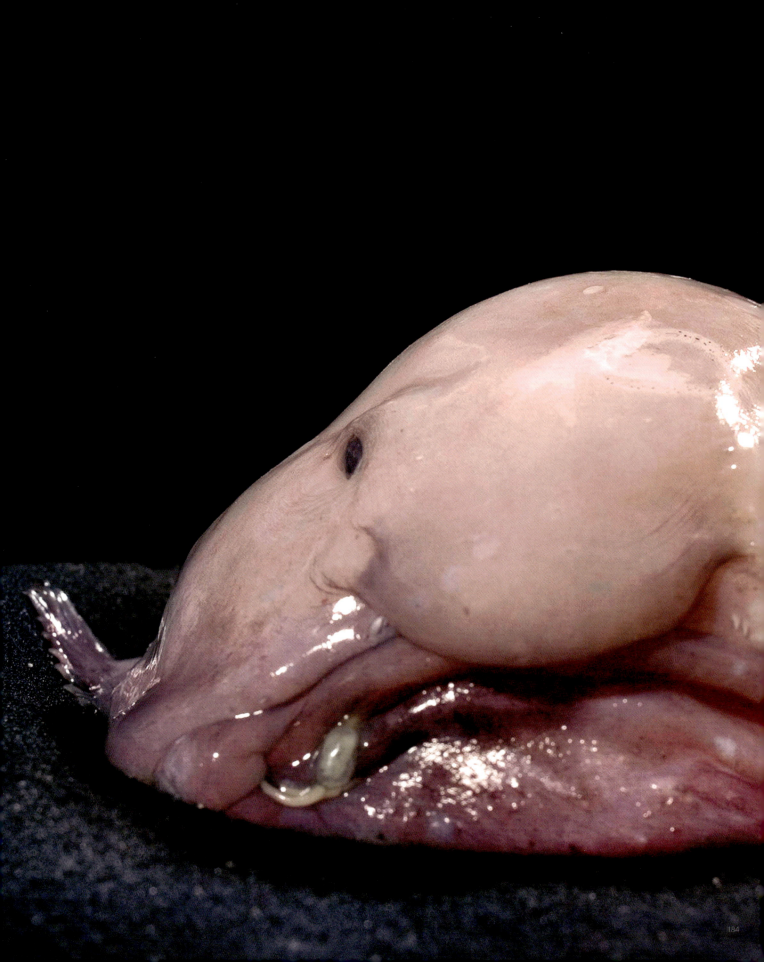

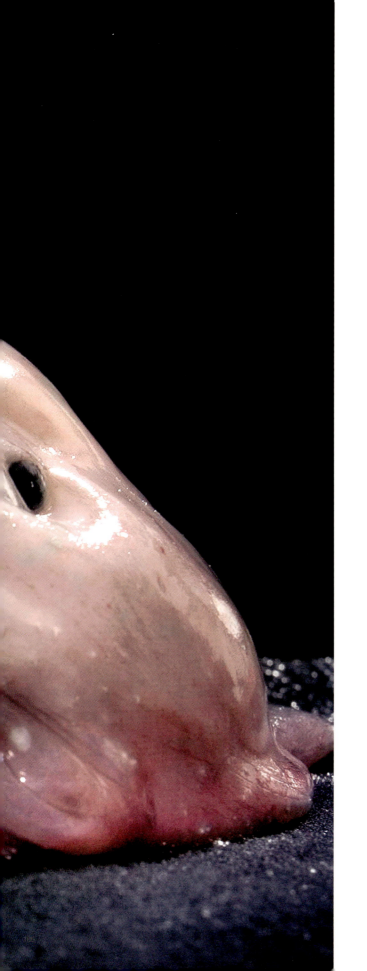

ニュウドウカジカ

　こう見えてもカサゴ目のれっきとした魚なのだが、カサゴというより、やる気がなくて溶けかかったオタマジャクシといった風体(ふうてい)だ。英語では「ブロブフィッシュ」と呼ばれる。「ぶよぶよした不定形の魚」という意味だ。
　英国の「醜い動物保存協会」が「世界一醜い動物」なる称号を与えたというのもうなずける。
　ウロコはなく、その体はゼラチン状の物質でできている。筋肉が少なければ代謝も低くてすむという、深海への適応の一例だ。一見、不気味に見えるこの姿も、適応への成功、生存競争の勝者の証である。

　もし人間が深海で生きなければならなくなったとしたら、どのような奇怪な姿に変貌(へんぼう)するのだろうか。

リュウグウノツカイ

体長最大11メートル、重さ270キロにも達する巨大さで、昔から幾度となく、海竜や大海蛇と間違われてきた。

あまりに異様なその姿は、物珍しさを通り越し、人心を不安に陥れてきた。昔からこの不思議な魚の死骸が流れ着くたびに、地震の前ぶれだ、天変地異の前兆だと恐れられてきた。それは21世紀の今日でもあまり変わらない。

それはこの魚の生態が、深海で生きているということ以外、あまりよくわかっていないことにもよるのだろう。一体どういう魚なのか。「竜宮の遣い」とはいうものの、彼らは何ひとつメッセージを携えてこない。竜宮は我々に何を伝えたいのだろう。

ナマカフクラガエル

　古池に飛びこんで侘びた音を響かせるのが、日本のカエルだ。水の中にいるのが当たり前である。
　だが、よりにもよってアフリカ、しかも砂漠に棲むカエルもいるというのだから、生物の適応力は奥深い。

　ナマカフクラガエルは、アフリカの砂漠に生息するカエルだ。昼間は砂の中に潜り、夜になると虫を探しにのそのそ這い出してくる。
　近年、このカエルは「世界一キュートなカエル」と人気を博した。「ピーッ！　ピーッ！」というその鳴き声が、まるでオモチャの笛のようだからである。
　しかし、この愛らしい鳴き声は敵への威嚇にも使われる。
　彼はその丸い体を精一杯ふくらませて自分を大きく見せ、大声で相手を脅す。それはどう見ても夜店のオモチャのようなのだが、本人にとっては生死に関わる問題だ。

カメガエル

　カメを甲羅（こうら）から引きずり出したらこうなる、と思っている人は意外に多いのではないだろうか。
　カメは甲羅を「着ている」わけではない。カメと甲羅は分離不可能だ。

　これはカメではない。カエルである。
　カメガエルはオーストラリアの森林、砂地に生息する。
　主食はシロアリで、シロアリ塚に入り込んで暮らすこともある。
　つまり、このカエルも前述のフクラガエル同様、水場のない環境に適応した特殊なタイプだ。オタマジャクシでさえ水場いらずで、卵の中でカエルに育ってから外界へ出てくる。
　そもそも彼らはカエルのくせに泳げない。池に入れたりしたら溺（おぼ）れ死んでしまうのだ。

ピンクイグアナ

　いかがわしいお店の名前みたいだが、近年、ガラパゴスで発見された新種のイグアナである。
　ガラパゴス諸島の中で最大の島、イサベラ島のウォルフ火山の頂上だけに生息している。
　ガラパゴスといえば「固有種(こゆうしゅ)」の代名詞のようなところだが、そんな島の限られたエリアにしか生息していないということは、その環境に適応しきっているものと思われる。
　なぜこんな色なのかは、まったくわからない。

ハダカデバネズミ

　シロアリやミツバチのような、女王と労働者たちで成り立つ社会性昆虫。彼らと同じような社会体制をもつ唯一の哺乳類、それがハダカデバネズミだ。

　群れで地下の巣穴に棲み、土木係、食料係、兵隊など各職種に分かれて働く。なかには子供を温める「肉布団係」などという特殊業もある。
　労働者はひたすら働くだけの毎日だ。休むときは集団で雑魚寝、もちろん無報酬である。繁殖能力があるのは女王とその夫だけ。カースト制度のような社会だ。
　ひたすら土を掘って暮らすため、歯ばかりがむやみと発達、目も耳も退化してしまった。不要なので毛皮も捨てた。毛皮反対キャンペーンのイメージキャラクターにどうだろう。

　この小さな動物が30歳近くまで生き、さらにはガンにもならないという。ご長寿にガン予防と聞けば、中高年市場がにわかに身を乗り出しそうだ。
　働きに働いて死んでいくのは、日本人もハダカデバネズミも同じだが、彼らは過労死どころか人生を目一杯元気で過ごせる。老化を促す酸化ストレスへの耐性、細胞を制御するヒアルロン酸の密度など、さまざまな可能性が指摘されているが、きっとその秘密は、欲も得もない彼らの生き様にあるに違いない。

　行雲流水、無一物。我も欲も捨て、ハダカデバネズミにならい、ハダカ一貫で暮らせれば、きっと我々も長生きの末に極楽往生できるのだろう。そう思うと、彼らの顔はご長寿老人の笑顔にも見えてくるのである。

ホシバナモグラ

　あ、うっかり地上に出ちゃった。
　こんばんは。ホシバナモグラでやんす。
　何しろ目が見えないもんで失礼しました。あ、いえいえご同情は無用に願いますよ。

　あたしのこの星みたいな赤い鼻、これは「アイマー器官」っていいましてね。ちょっと触れただけで振動、温度、圧力、味、何でもわかる超高精度の触覚センサーなんです。ミミズの居所なんてすぐわかる。
　イソギンチャクをくっつけてるわけじゃありません。変なカニと一緒にしないでくださいよ。

　何しろ寒いとこへ住んでますでしょ。大量に食わなけりゃ、やっとれんですよ。代謝がいいんでねえ。
　寝る間も惜しんで、穴掘って、地上もチェックして、池に入って魚や貝捕ったりね。うちらの場合、冬眠とかもないですし、とにかく毎日働きづめですわ。
　どこへ行くやら、何のためやら、ただ、あっちへ行き、こっちへ行き、来る日も来る日も、働いて、働いて。
　わけもわからず働いて、ねえ。
　ああ、それはあんたがた人間も同じでしたな。

　おっと、こんなとこで油売っちゃいられない。この辺で失礼しますよ。何しろ忙しいもんでね。
　ああ、こうしちゃいられない！

オーストラリアの砂漠地帯に棲むミツツボアリは、自らの体を貯蔵庫と化してしまう。
「貯蔵庫係」のアリが花の蜜を体内に貯めこみ、皆に分け与えて食糧のない時期を乗り切るのだ。
自己犠牲は尊いというが、この真似が我々にできるだろうか。
さらに、この貯蔵アリは常に危険にさらされることになる。
アナグマ、トカゲ、ヒトなど、蜜に目がないやつらが、たくさんいるからだ。

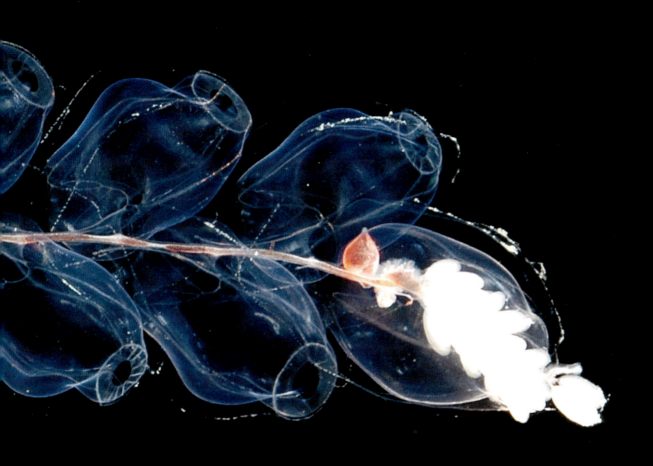

ヒノオビクラゲは「クダクラゲ」と呼ばれるクラゲに似た生物だ。
数多くの個虫(こちゅう)が集結、あたかも一匹の生物のように振る舞うという、
一匹なのか群れなのか、よくわからない「群体生物(ぐんたいせいぶつ)」である。

各個虫は、遊泳、捕食、生殖、防衛など役割分担があり、
それぞれの部門が連携して全体を運営している。いわば生きた「会社」だ。
この会社は発展しすぎて、ときには数十メートルもの長さになる。
触手を伸ばして、小エビ類などを捕食するのが仕事だ。
一匹より群れで連携した方が効率よくお仕事ができるので、
こういう姿になったと考えられている。自然界はSFだ。

アマゾンカワイルカ

　川辺で会った美しい青年。乙女は誘われるままに彼と一夜を過ごす。夜が明けると彼はいない。
　気がつくと彼女は身ごもっていて、産まれてきた父なし児は「ピンクイルカの子」と呼ばれてしまう…。
　昔から伝わる、アマゾンカワイルカの伝承だ。

　アマゾンカワイルカは、地殻変動でアマゾン川に取り残されたイルカの子孫といわれている。
　およそ3000万年前の原始的なクジラの特徴を残しており、「生きた化石」とも評される。
　海のイルカとちがうのは、目がよく見えないことだ。アマゾン川の濁った水では、視力は役に立たない。かわりに音波の反響で魚を探知したり、口先の感覚毛で砂底を探ったりする能力を発達させた。
　オスはメスに求愛するときに水草や棒きれなどの「プレゼント」を贈る習性をもつ。前述の伝説は、そんな彼らの行動からきているのかもしれない。
　彼らは絶滅危惧種とされている。鉱物採掘やダム建設による環境汚染で数を減らしているのだ。魚の取り合いで漁師に殺されるというような話もある。

　今、アマゾンカワイルカの保護活動がいろいろと展開されている。将来、アマゾンカワイルカの数が増えれば、伝説もまた復活するかもしれない。
　川辺にハンサムな青年が立っていたら、貴女は彼と一夜を共にするだろうか。
　それとも全力で逃げるだろうか？

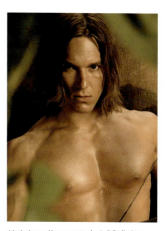

美青年に化けて乙女を誘惑するアマゾンカワイルカ。

ヤリハシハチドリ

　昆虫に間違えられるほど、小さな鳥だ。花の蜜を吸うために、くちばしが長く伸びている。
　と、軽く書いたが、ヤリハシハチドリのくちばしは極端に長い。長すぎる。まるで長剣のようだ。
　これも適応の一例。蜜を貯める部分が、細長い壺のような形をした花、トケイソウの蜜を吸うため、彼らのくちばしはここまで伸びたのだ。

　トケイソウは自分専用の「花粉運び屋」がいてくれれば都合がいい。ハチドリは蜜を吸いにくい花を専門にすれば、競合がいなくなる。そこでトケイソウは花のつくりをひたすら細長くし、ハチドリはそれに呼応するようにくちばしを伸ばした。
　この相互利益をもたらす進化を「共進化」という。
　こうして植物とは無類の相棒となったハチドリだが、同族には容赦がない。ハチドリのオスは極めてなわばり意識が強く、侵入者あらば問答無用で決闘だ。
　武器はむろんくちばしの剣。中世の騎士の高貴な戦いを連想するが、彼らの戦いには、騎士道もへったくれもない。あられもない奪い合いだ。

　美しい花にかわいらしい小鳥が舞っているかと思えば、それは甘い汁をめぐっての抗争だ。相手の脳天を貫けとばかりに相争う、仁義なき空中戦である。

クマムシ

　適応力といえば、わずか1ミリ程度のこの小さな生物が、もっとも優れているといえよう。海、陸、土中、水中、熱帯、北極、山のてっぺんから深海の底、森林から自宅の裏庭まで、どこにでもいるクマムシである。

　周囲が乾燥すると、クマムシの体は干からびて縮まり、「乾眠」と呼ばれる、一種の休眠状態に入る。
　乾眠に入ったクマムシは、極度の乾燥にも温度変化にも耐えられる。上は151度の高温から、下はマイナス273度、つまり絶対零度だ。真空になっても大丈夫だし、75000気圧の高圧下でも問題ない。
　さらには、紫外線にも、化学物質にも、人間の致死線量をはるかに超える放射線にも耐えることができる。
　あまりに度を超えているので、ついにはクマムシを宇宙空間にさらすという大胆すぎる実験も行われたが、それでもやっぱり平気であった。しかもこれだけの高耐性をもつ乾眠状態からは、水をかけるというインスタント麺よりお手軽な手段で復活することができる。

　本来なら乾燥に耐えるだけのつもりが、うっかり副産物としてこの異常な耐性を獲得してしまったらしいが、この驚異の耐久性については研究が継続中だ。
　しかし、大自然の知恵は深い。きっとこのクマムシの存在にも意義があるはずだ。
　大異変で地球が破滅しても、きっとクマムシは生き残り、未来に命の種を残してくれるだろう。
　もし、地球がブラックホールに呑み込まれても、クマムシは遠い宇宙の果てで、超次元の存在、ブラッククマムシとなって、生き続けるに違いない。

バットフィッシュ

　こんな魚が、なぜ生き残ってこられたのか。
　いつも海底をのそのそと這い回り、動きが速いわけでもなければ、擬態（ぎたい）能力もない。
　鋭敏な視覚も、電気センサーも、岩をもかじる硬い歯も、強い毒もない。ないない尽くしだ。
　額には、「エスカ」と呼ばれる疑似餌（ぎじえ）があるが、これは昔アンコウだった頃の名残、痕跡器官（こんせきぎかん）と呼ばれるものだ。チョウチンアンコウ師匠などの出来のいいエスカに比べると、まことにお粗末なつくりである。もちろんこれに釣られる魚などいない。
　それなのに退化もせずに未練たらしく額にくっついている。しかも無用に格納機能だけはある。
　生物はあらゆる環境に巧みに適応して生きている、ということを書いてきたのに、お前さんみたいなのがいるとはなはだ困るんだ。
　生物の驚異を謳（うた）いあげようってのに、コンセプトが成り立たないじゃないか。

　何だよそのもの言いたげな唇は。
　言いたいことがあるなら、言ってみろってんだ。

　あ、コラ、無言で去るなよ、オイ！

ある愛の詩(うた)

　生物がなぜ生きているかと問われれば、次世代を生むため、と答えてもいいかもしれない。
　高度な技術で獲物を狩るのも、擬態(ぎたい)で身を隠すのも、環境に適応して生き抜くのも、結局はそのためだ。
　次世代に命をつなぐこと、あらゆる生物たちはそのために日夜しのぎを削(けず)っている。

　そして、そのためにはペアになることが必要だ。オスはメスを求め、そしてメスはオスを選ぶ。オスは受精というゴールに向かう登坂者(とはんしゃ)だ。
　こうして、追う者と追われる者、オスとメスの間には、多種多様な、そして奇妙な愛が形づくられることになる。

　写真の鳥は、アオアシカツオドリ。ペンキで塗ったような青い足が特徴だ。
　オスはメスに求愛するときにダンスを踊るが、それはこのサンダルみたいな足を「チータカタッタッタ」と上げ下げするだけの、のんびりしたものだ。
　鼻息も荒い、切迫(せっぱく)した求愛ダンスが多い鳥類のなかで、アオアシカツオドリのダンスは、よちよち歩きのチャップリンといった具合だ。めでたくつがえば、かれらはおしどり夫婦となり、仲睦(むつ)まじく子育てに励(はげ)む。
　しかし、これはごく一部の好例。追いつ追われつのオスとメスの間には、さまざまな悲喜劇、おもには悲劇の方が生じるのである。

オウギバト

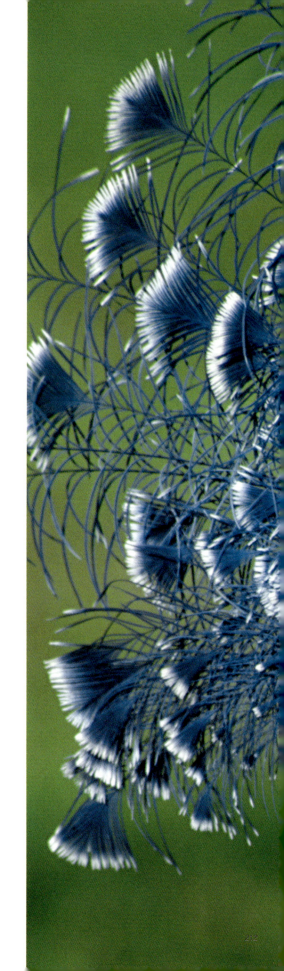

　ハト類では最も大きい種で、インドネシア、ニューギニアに生息する。

　頭に「冠羽(かんう)」という飾り羽を載せている。レース編みのような繊細(せんさい)さで、大変美しい。オスはこの冠羽をメスの前で打ち振って、彼女の愛を乞(こ)う。

　何とかして、オスの優秀さを誇示してメスに認められたい、自分の遺伝子を残したいという虚仮(こけ)の一念が、このような芸術品を生み出したといえる。この美しさは、オスの魂の叫びだ。

　だが、この美しい羽が仇(あだ)となり、オウギバトは、ペット用、観賞用などに乱獲されてその数が激減した。

　現在、オウギバトは保護対象になっており、捕獲は禁止されている。

　ところでこの冠羽は大変美しいが、うちわのように平たいので、真正面から見るとモヒカンになってしまう。そのことについて、進化は何も手を打ってこなかったのだろうか。

オウギタイランチョウ

　オウギバトの「扇」を縦ではなく、大胆に横につけたのがオウギタイランチョウだ。
　どう見ても扇子なのだが、その意匠は、原色も豊かなアボリジニ美術のようだ。
　もちろんこの扇はオスの求愛用だ。扇が立派であればあるほど、男前である。
　しかし、彼は常にこんな艶やかでいるわけではない。この扇は可動式で、普段は頭に折り畳まれている。
　扇のないオウギタイランチョウはまことに地味で、大きさもカナリヤほど、そんじょそこらにいる、ひと山いくらの普通の鳥と変わらない。
　だが、ひとたび扇を拡げれば、歌舞伎の早変わり、名もない端役からいきなり千両役者となるのだった。

ベニジュケイ

　ベニジュケイはキジの一種で、チベット、インド、ベトナムの森林地帯に生息する。
　繁殖期になると、オスはのどから「肉垂」という派手なエプロン状の皮膚を垂らし、ダンスを踊ってメスに求愛する。ダンスといってもそれは、やたらと体を上下させ、唐突に仁王立ちするという、意味がよくわからないものだ。
　それでもメスがなびかないと、メスを追いかけて走り出す。
　彼は走る。胸をそらし、体をしゃちほこばらせて、一心不乱に走る。死後硬直したまま全力疾走しているようで、求愛どころか不気味である。
　逃げるメスを追って、彼はただひたすら走る。芸がなさすぎだ。
　それは滑稽だが、世の男たちすべてに、切ない思いを抱かせる哀しい光景でもある。
　メスが逃げ去っても、オスは懲りずに別のメスを見つけると、またひたすら走り続ける。想いは遂げられないかもしれないが、応援するぞ。走れ、メロス。走れ、ベニジュケイ。

ヒクイドリ

　体重最大85キロ、全長190センチ、ダチョウに次いで重い鳥類だ。

　脚力が異様に強く、時速50キロで突っ走り、危険を感じると強力な蹴りを放つ。その恐竜のようなかぎ爪で蹴られると、人間も殺されることがあるという。そのため、ギネスから「世界で一番危険な鳥」という、ヤクザな称号を与えられている。

　「おしどり夫婦」というが、鳥類全部がそうというわけではない。ヒクイドリのカップルは、交尾が終わって卵を産むとメスはさっさとオスを捨て、別のオスを見つけて交尾をくり返す。

　卵を温め、ヒナを育てるのはオスの役目だ。

　子供を連れたヒクイドリがいたら、それは必ず「父子家庭」なのである。

ズキンアザラシ

　「鼻ちょうちん」が存在するのはマンガの中だけかと思っていたら、ちゃんと実在する。北極圏にである。
　ズキンアザラシは、メスをめぐってオス同士が闘争を繰りひろげる。
　と、いっても牙むき喰いつき合う戦いではない。彼らの戦いは鼻ちょうちん合戦だ。
　オスはライバルが現れると、黒い鼻ちょうちんをふくらませて相手に見せつける。その鼻ちょうちんは、ズキンアザラシ界にあっては男気の表れ、人間でいえばもろ肌脱いで、背中一面の昇り龍の彫り物を見せつけるようなものだ。
　もちろん相手も鼻ちょうちんで対抗してくるので、勝負は簡単につかない。戦いが第二段階に入ると、彼らは黒にかわって、赤い鼻ちょうちんをふくらませる。
　間違って腎臓が飛び出してしまったのかと思うが、これは鼻の穴同士を隔てる膜がふくらんだもので、人間でいえばついにドスを抜いた状態といえる。
　一触即発！　人間だったら、わめきながら突撃し、気がつくと塀の中にいたりするわけだが、ズキンアザラシはそんな愚かしい真似はしない。
　鼻ちょうちん合戦で男の力量を推しはかると、敗者は素直に引き下がる。無用な流血もエネルギーの浪費もない、大いなる知恵である。何かというと切った張ったのヒトやハチドリは見習ったほうがよかろう。

　自然界にはこうしたオス同士の「紳士的戦い」も存在するのだ。なかにはその闘争手段が「計測」だったりする生物もいるという。

シュモクバエの一種。シュモクバエのオスはメスをめぐって争う際、
お互いに頭を突き合わせ、目の離れ具合をお互いに測定するような行動をとる。
負けた方はすごすごと引き下がる。
目が離れていればいるほどオスとして強く、メスに選ばれやすいという。
かくして、男たちの目は限りなく離れていくのだった。

ウマヅラコウモリはその名の通り、ウマヅラだ。
鼻づらに鳴き声を共鳴させる器官があるためだ。
繁殖期になるとオスはメスにアピールする。つまり彼らは、
ウマヅラであればあるほど、男前なのだ。
ウマヅラコウモリの若者は、やがて鼻先が太くたくましい、カバのような
ハンサムとなり、セクシーな歌声でメスを虜(とりこ)にすることを夢見て生きる。

ピーコック・スパイダー

　ピーコック・スパイダーは、豆つぶほどにも満たぬ小さなクモで、オーストラリアのみに生息している。
　このクモのオスは、どこかの原始部族が描いた宗教画のような、情熱的でカラフルな「帆(は)」を背負っている。帆にはさまざまな色や柄のバリエーションがあり、さながらプリミティブ・アートの展覧会のようだ。
　普段は背中に折り畳まれているが、メスが近づくとオスはこの帆を目一杯に拡げ、不思議なダンスを踊り始める。
　その求愛ダンスは、まるでアニメの早回しのようで、そのあまりの面白さが評判となるほどだった。
　しかしそれは危険な遊戯ともいえる。
　オスのダンスにつられたメスがやってくる。メスはオスよりひとまわりも大きいクモで、ガバとオスにおおいかぶさる。オスは、さては念願成就(じょうじゅ)かと思いきや、そのまま喰われてしまったりするからだ。

シロヘラコウモリ

　シロヘラコウモリをイメージした「バットマン」がいたら、さぞかわいらしいことだろう。彼らはれっきとしたコウモリ類だが、闇のイメージとは正反対だ。何しろ、真っ白で、小さくて、ふわふわなのである。

　シロヘラコウモリは中央アメリカの密林に生息するコウモリだ。洞窟にぶら下がったりはせず、昼間は葉っぱの裏にいる。葉脈をかじって葉を折り曲げ、テント代わりにして雨や日光、敵を避けるのだ。
　しかし彼らの体毛が黒だったら、葉に透けてその姿がシルエットとなって見えてしまう。それを避けるため、彼らの体は白くなっている。

　こうして葉っぱの裏に集まっている彼らは、実にけなげだ。きっと彼らは家族で、両親が子供たちを守っているに違いない。
　そう思ったら、実はこれはハーレム、1匹のオスに大勢のメスが寄り添う後宮なのであった。
　そう聞くと、今までの温かい心が急に冷え、葉っぱを思いきり裏返してやりたくなる衝動に駆られるのはどうしたことか。

カタツムリは雌雄同体の生物として知られている。
それぞれがオス生殖器、メス生殖器の両方をもち、お互いの精子を「交換」するような交尾を行う。
その際、カタツムリのなかには「恋矢」と呼ばれる、槍のような器官を相手に突き刺すものもいる。
名前は美しいが、これは相手に渡した精子が消化されてしまったり、相手がよそ者と交尾したりするのを防ぐ作用をもたらす物質を注入する槍、つまり相手に、自分の子を産ませる確率を高めるための手段である。

近年その「恋矢」を刺された相手は寿命を縮めてしまうという研究結果が発表された。カタツムリにとっては、自分の子孫さえ残してくれれば、相手のことは関係ない。カタツムリの交尾は、愛でも情でもなく、いかに自分の子孫をうまく残せるかの闘争なのだ。

ニジイロクワガタは七色に輝く、世界一美しいクワガタとして有名だ。
ただでさえ高級感漂うニジイロクワガタが、さらに交尾している
この写真はおめでたく、景気もよくなりそうなので載せてみた。

ようやく交尾までこぎ着けた。感無量だ。
まだ安心はできない。ちゃんと卵が受精してくれるのか、
自分の遺伝子を次世代に受け渡せるのか、確実ではない。

メスがほかのオスとも交尾して、卵子を横取りされてしまうかもしれな
いし、卵を産む前にメスが死んでしまうかもしれない。
だが、やはり交尾はひとつの到達点だ。ここに至る前に討ち死にしていっ
た数々のオスを考えると、充足感が彼の体節を満たす。

いたいけな幼虫時代を経て、オレもようやくここまできたか、
といった感慨を禁じ得ない。

アゴアマダイ

　アゴアマダイはカエルのような顔をした魚だ。
　いつも巣穴にひきこもり、顔だけを穴の外に出して様子をうかがっている。
　アゴアマダイは、卵をその大きな口いっぱいにほおばる。食べているわけではなく、育てているのだ。
　多くの魚は、卵を産みっぱなしにするが、アゴアマダイのオスは、卵を自分の口の中で育てる。子供たちを守るためだ。これを「口内保育」という。危険が迫れば、父親は卵をくわえ、安全な場所へ脱出する。もっとも安心確実な保育園といえよう。
　やがて卵が孵り、子供たちが巣立っていくと、父の、一匹の生物としての役目は終わりだ
　やがて彼は死ぬ。その骸は、呑みこまれ、ちぎられ、分解されて、あらゆる生物の養分となる。
　子供たちは、ある者は喰われ、ある者は生き延び、さまざまなものを喰い、奇妙で恐ろしい敵から逃げ、学び、泳ぎ、旅をして、やがて成長し、いつか子供を産み、育てるようになる。

　そしてその命の営みは、これからも未来永劫、続くことになるのである。

掲載生物データ

P4-5　コーンヘッドマンティス
Conehead Mantis / *Empusa pennata*
ヨウカイカマキリ科
ヨーロッパ南部の地中海に面した地域に分布。メスは体長約10センチで、オスはそれより小さい。頭の王冠のような突出部分が特徴で、オスの触角はうちわのような形をしている。

P6-7　サーカスティック・フリンジヘッド
Sarcastic Fringehead / *Neoclinus blanchardi*
コケギンポ科
ハゼに似た小型の魚類。北米西海岸に分布。体長約30センチ。カラフルな口を傘のように大きく拡げてなわばり争いする。

P8-9　ハープ・スポンジ
Harp Sponge / *Chondrocladia lyra*
エダネカイメン科
深海にすむ、肉食性の海綿動物。カリフォルニア沖水深3300メートルで発見された。体長約60センチ。ハープの弦のような先端が小型の甲殻類などを引っかけて捕らえ、消化する。

P10-11　スベザトウムシの一種
Harvestman / *Leiobunidae sp.*
スベザトウムシ科
森林に生息する節足動物類。眼は明暗しか感じることができず、2番目の脚を感覚器として使って昆虫類やミミズなどを見つけ、捕食する。写真にある脚の赤い粒は、寄生しているダニである。

P12-13　マメザトウムシ
Caddid Harvestman / *Caddo agilis*
マメザトウムシ科
森林に生息する節足動物類。体長1.5〜2.8ミリ。視覚の退化したザトウムシ類としては目が大きく発達している。ザトウムシ類は通常、長い脚で歩き回って獲物を探し捕食するが、本種は素早く動いては止まる動きを繰り返す。

P14-15　モンハナシャコ
Peacock Mantis Shrimp / *Odontodactylus scyllarus*
ハナシャコ科
カラフルなシャコ類の一種。太平洋からインド洋に分布。体長約15センチ。捕脚と呼ばれる前肢で高速で強烈な打撃を連続で繰り出し、貝類の硬い貝殻を砕き割り捕食する。

P16-17　カツオノエボシ
Portuguese Man O' War / *Physalia physalis*
カツオノエボシ科
世界中の海に広く分布するクラゲの一種。気泡体と呼ばれる浮き袋で海面に浮かび、風を受けて流されて移動する。気泡体の大きさ約10センチ。浮き袋から海中へ伸びる触手には猛毒がある。

P18-19　アオミノウミウシの一種
Sea Swallow / *Glaucus marginatus*
アオミノウミウシ科
浮遊性のウミウシの一種。太平洋から大西洋にかけての温帯、熱帯の海域に広く分布。体長2〜5センチ。カツオノエボシなど猛毒をもつクラゲを好んで捕食し、クラゲの毒針である刺胞を奪って装備し、身を守る。2種が知られる。

P20-21　ウマノオバチ
Euurobracon yokohamae
コマユバチ科
里山にすむ寄生バチの一種。本州から九州、台湾に分布。体長約2センチ。メスは約15センチの長い産卵管をもち、木の中にすむシロスジカミキリの幼虫に産卵する。

P22-23　リンネセイボウ
Ruby-tailed Wasp / *Chrysis ignita*
セイボウ科
光沢のある美しい色をした寄生バチの一種。北半球に広く分布。体長約0.4〜1.5センチ。ドロバチ類、ハナバチ類の幼虫に寄生する。硬い体をもち、ボールのように丸まって身を守る。

P24-25　ダルマタマゴクロバチの一種
Dwarf Flightless Scelionid Wasp / *Baeus sp.*
タマゴクロバチ科
玉子形の体をした小型の寄生バチの一種。アメリカ、バージニア州で撮影。全長1ミリ以下。メスは翅がなく、クモの背中に乗って移動し、クモの卵に産卵して寄生する。日本にも生息する。

P26-27　キンカジュー
Kinkajou / *Potos flavus*
アライグマ科
長い舌をもつ動物。メキシコからブラジルにかけての森林に生息。体長42〜57センチ。果実や昆虫類を食べ、特にイチジクを好む。舌は長く伸び、昆虫を食べたり、蜜をなめるのに適している。

P28-29　ウデムシ科の一種
Whip Scorpion / *Phrynidae sp.*
ウデムシ科
クモとサソリを合わせたような節足動物。カニムシモドキの別名がある。世界中の熱帯域に広く分布。巨大な鎌状の触肢で昆虫類を捕食する。

P30-31　ダルマザメ
Cookie-cutter Shark / *Isistius brasiliensis*
ヨロイザメ科
深海に生息する小型のサメ類。世界中の熱帯、亜熱帯海域の深海に広く分布。体長40〜56センチ。マグロやイルカ、クジラなどの体にのこぎり状の鋭い歯で噛みつき、体を回転させて、肉を円形にえぐりとる。

P32-33　ライオンメリベウミウシ
Hooded Nudibranch / *Melibe leonina*
メリベウミウシ科
フードのような大きな口をもつウミウシ類。アラスカからメキシコにかけての沿岸に分布。体長約10センチ。大きな口を広げ、体をひねりながら獲物が口にふれると閉じ、捕食する。

P34-35　ギガントキプリス
Giant Ostracod / *Gigantocypris agassizii*
ウミホタル科
大型のウミホタル類。全世界の海の深海に分布。体長約2.5センチ。本種の全長はほかのウミホタル類の約10倍にもなる。人の数十倍の集光能力がある2つの大きな目が特徴で、光の届かない深海で発光生物のかすかな光を敏感に捉える。

P36-37　ガウシア・プリンセプス
Deep Sea Coceopod / *Gaussia princeps*
メトリディア科
熱帯〜亜熱帯の海の深海に分布するカイアシ類の一種。体長0.5〜1センチ。ルシフェラーゼという発光物質を分泌し、強力な発光で天敵の目をくらませて身を守る。

P38-39　ノコギリエイ
Longcomb Sawfish / *Pristis zijsron*
ノコギリエイ科
のこぎり状の長い吻（ふん）をもつ魚類。亜熱帯から熱帯の海に分布。最大種では体長7メートルにもなる。よく似たノコギリザメは分類上まったくの別種。のこぎり状の吻で海底を掘り起こして獲物を捕食する。

P40-41　ノコギリビワハゴロモ
Saw-nosed Planthopper / *Cathedra serrata*
ビワハゴロモ科
大きな角をもつハゴロモ類。熱帯雨林に生息する。体長数センチ。ビワハゴロモ類は頭部が発達しており、本種はのこぎり状。天敵に対して翅を広げて威嚇する。

P42-43　ノコギリイッカクガニ
Arrow Crab / *Stenorhynchus seticornis*
クモガニ科
クモのような足のカニ類。カリブ海周辺の大西洋に分布。体長約6センチ。体の3倍ほどの長さの細長い足と、矢のように細長い角が特徴。

P44-45　ヒメハナグモの一種
Goldenrod Spider / *Misumena vatia*
カニグモ科
花に擬態して獲物をねらうクモ類。北米、ヨーロッパに分布。体長3〜9センチ。白や黄色の花に潜み、体色を変えてカモフラージュし、獲物を捕食する。

P46-47　ハナカマキリ
Malaysian Orchid Mantis / *Hymenopus coronatus*
ヒメカマキリ科
花に擬態して獲物をねらうカマキリ類。マレーシアやインドネシアなど東南アジアの熱帯雨林に生息。体長約5.5センチ。ラン科の花に擬態するが、花に見えるのは幼虫のみ。

P48-49　エウピセシア・クラテリアス
Canivorous Caterpillar / *Eupithecia craterias*
シャクガ科
全世界に広く分布するシャクガ科の一種の幼虫。通称、ハエトリナミシャク。本種はハワイ、マウイ島で撮影。体長2.7センチ。肉食性で、枝に擬態して待ち伏せし、近づいたハエ類などを捕食する。

P50-51　オオグチボヤ
Predatory Tunicate / *Megalodicopia hians*
オオグチボヤ科
深海に生息するホヤの一種。太平洋の深海に分布。体長10〜20センチ。大口を開けているように見えるのは入水孔。海水を大量に取り込んでプランクトンなどをこしとり、出水孔から排水する。

P52-53　ディスターブド・タイガーウィング
Disturbed Tigerwing / *Mechanitis polymnia*
タテハチョウ科
トラフトンボマダラ亜族のチョウのさなぎ。中南米に分布。成虫の全長3〜4センチ。さなぎは金塊のように美しいが、幼虫時代から体内に毒成分のアルカロイドを含み、鳥類の捕食を避けている。

P54-55　グラスフロッグ科の一種
Centrolenidae sp.
グラスフロッグ科
小型のカエル類。中南米の熱帯雨林や熱帯雲霧林に分布。体長2〜6センチ。腹側の皮膚が透明で、内臓が透けて見えるのが特徴。日中、葉の陰で休んでいても影が出にくく、捕食者から見つかりにくいと考えられている。

P56-57　コモリガエル
Surinam Toad / *Pipa pipa*
ピパ科
体が平べったいカエル類。南米北部に分布。体長10〜17センチ。メスは産んだ卵を背中の皮膚に埋め込み、おたまじゃくしが子ガエルに成長するまで守り育てる。

P58-59
エビの幼生の一種とクラゲの一種。
撮影地：ハワイ。ただ浮かんでいるだけのようなプランクトンも、こういうしたたかな一面を見せる。

P60-61　オヨギゴカイ属の一種

Tomopteris sp.
オヨギゴカイ科
浮遊性のゴカイ類。太平洋から大西洋に広く分布。体長30センチまで。透明な体をしていて、オールのように発達した脚を使って海中を泳ぐ。

P62-63　チマキゴカイの幼生
Larva of Shingle Tube Worm / *Owenia fusiformis*
チマキゴカイ科
円筒形のゴカイ類の幼生。世界中の海に分布。成体の体長は最大10センチ。幼生期は透明な体をし、海中を浮遊するプランクトンだが、成体になると海底で暮らす。

P64-65　クズアナゴ科の一種
Dogface Witch-eel / *Facciolella gilbertii*
クズアナゴ科
深海性のウナギ類。東太平洋の深海域に分布。体長約60センチ。深海に生息し、甲殻類を捕食する。

P66-67　タラバガニの一種
Spiny king crab / *Paralithodes rathbuni*
タラバガニ科
体中にとげがあるカニ類。西大西洋に分布。体長約15センチ。深海の海底に生息し、ほかのカニ類やヒトデを捕食する。鋭いとげで捕食者から身を守っている。

P68-69　トゲグモの一種
Spinybacked Orbweaver Spider
Gasteracantha cancriformis
コガネグモ科
体にとげをもつトゲグモ類の一種。北米から中南米にかけて分布。体長1〜1.3センチ。黒い斑の入った白い体と6本の赤いとげが特徴。

P70-71　オオナガトゲグモ
Curved Spiny Spider / *Gasteracantha arcuata*
コガネグモ科
巨大な角をもつクモ類。東南アジアからインドにかけて分布。体長約1センチ（角を除く）。巨大な角で捕食者から身を守っている。

P72-73　ハゴロモ科の幼虫
Nymph of Planthopper / *Ricaniidae* sp.
ハゴロモ科
カメムシに近いハゴロモ科の幼虫。マレーシアのボルネオ島で撮影。尻からとげのようなものを放射状に出している。

P74-75　ヒメアルマジロ
Pink Fairy Armadillo / *Chlamyphorus truncatus*
アルマジロ科
アルマジロ類の最小種。アルゼンチンのみに分布する固有種。体長8〜12センチ。乾燥した草原、砂漠地帯などに生息し、危険を感じると穴を掘って隠れ、うろこ状の部分を穴のふたにする。

P76-77　ニセハナマオウカマキリ
Devil's Flower Mantis / *Idolomantis diabolica*
ヨウカイカマキリ科
アフリカ東部に分布するカマキリの一種。体長10〜13センチ。花に擬態するカマキリとしては大型で、ハエやガを捕食する。威嚇の姿勢をとると、前足のつけ根の太い部分の模様が悪魔のつり上がった眼に見える。

P78　スズメガ科の一種の幼虫
Caterpillar of a Tersa Sphinx Moth
Xylophanes tersa
スズメガ科
スズメガ科の一種のガの幼虫。北米から南米に分布。体長6〜8センチ。6個の目玉模様（眼状紋）があるのが特徴で、成長とともに顕著になっていく。

P79　アフリカメダマカマキリ
Spiny Flower Mantis
Pseudocreobotra wahlbergii
ハナカマキリ科
小型のカマキリ類。サハラ砂漠以南のアフリカに分布。体長約4センチ。成虫の前翅には大きな目玉模様があり、後翅は美しい黄色。威嚇するときには翅を広げ、ふたつの目玉模様と黄色い翅を見せつける。

P80-83　ムラサキダコ
Blanket Octopus / *Tremoctopus violaceus*
ムラサキダコ科
浮遊性のタコ類。全世界の海に分布。オスの体長は3センチ前後だが、メスの体長は1メートルに達する。メスは腕と腕の間にある傘膜（さんまく）がヴェール状に発達し、威嚇する際などに広げる。

P84-85　カフスボタンガイ
Flamingo Tongue Snail / *Cyphoma gibbosum*
ウミウサギガイ科
浅瀬に生息する貝の一種。北米から南米の大西洋の沿岸、インドの沿岸部に分布。体長約2センチ。派手な模様は殻の模様ではなく、殻を覆っている外套膜のもの。警戒色として、敵から身を守るのに役立っていると考えられる。

P86-87　イチゴヤドクガエル
Strawberry Poison Dart Frog / *Dendrobates pumilio*
ヤドクガエル科
赤みを帯びたヤドクガエル類。中米に分布する。体長2〜2.5センチ。派手な色彩は、毒をもっていることを敵にアピールする警戒色（警告色）。

P88-89　キンチャクガニ
Boxer Crab / *Lybia tessellata*
オウギガニ科
サンゴ礁に生息する小型のカニ類。太平洋西部からインド洋にかけて分布。体長約1.5センチ。両腕にイソギンチャクをはさんで持ち歩き、その毒針を利用して敵から身を守る。

P90-91　ツノトカゲ
Coast Horned Lizard / *Phrynosoma coronatum*
ツノトカゲ科
砂漠地帯などに生息する小型のトカゲ類。北米から南米、アフリカに分布。体長約10センチ。敵に襲われ逃げるのが困難になると、眼から忌避成分を含んだ血液を噴き出して撃退する。

P92-93　カメノコハムシの一種
Golden Tortoise Beetle / *Charidotella sexpunctata*
ハムシ科
カメノコハムシ族の甲虫類。全世界に広く分布。体長約0.5センチ。甲羅を背負ったカメのような形と光沢のある金色の美しい翅色が特徴。

P94-95　オオミミトビネズミ
Long-eared Jerboa / *Euchoreutes naso*
トビネズミ科
発達した跳躍能力をもつ小型のネズミ類。中国とモンゴルの砂漠地帯に分布。体長7〜9センチ。夜行性で、昆虫類の飛んでいる音を大きな耳で捉え、跳躍して捕食する。

P96-97　トビトカゲの一種
Landford's Flying Lizard / *Draco blanfordii*
アガマ科
扇のような飛膜をもつ小型のトカゲ類。東南アジアに分布。体長10センチ前後。森林に生息し、飛膜を広げて滑空し、木から木へ飛び移る。

P98-99　クールトビヤモリ
Kuhl's Flying Gecko / *Ptychozoon kuhli*
ヤモリ科
森林に生息するヤモリの一種。東南アジアに分布。体長約18センチ。体や足にひだがあり、広げて空気抵抗を大きくすることで滑空し、木から木へ飛び移る。

P100-101　クロマクトビガエル
Wallace's Flying Frog / *Rhacophorus nigropalmatus*
アオガエル科
熱帯雨林の樹上で暮らすカエル類。東南アジアに分布。体長9〜10センチ。発達した足指と水かきを広げ、パラシュートのようにして滑空し、木から木へ飛び移る。

P102-103　トビヘビ属の一種
Flying Snake / *Chrysopelea* sp.
ナミヘビ科
熱帯雨林の樹上で暮らすヘビ類。東南アジアに分布。体長60〜100センチ。木の上から空中に飛び出し、肋骨を左右に広げて体を飛行機の翼のように平たくして滑空し、木から木へ飛び移る。

P104-105　アカイカ科の一種
Ommastrephidae sp.
アカイカ科
海面近くに生息するアカイカ科の若い個体。世界中の海に広く分布。体長約20センチ。船に驚いたり、天敵に襲われたりすると漏斗（ろうと）から水を勢いよく吐き出して海上へ飛び出し、ひれと腕を広げて滑空する。

P106-107　パンサーカメレオン
Panther Chameleon / *Furcifer pardalis*
カメレオン科
体色をさまざまに変化させるカメレオン類。マダガスカル北部のみに分布する固有種。体長30〜50センチ。光の干渉を利用し、体色を瞬時に変化させることができる。

P108-109　コノハチョウ
Dead Leaf Butterfly / *Kallima inachus*
タテハチョウ科
翅の裏が枯れ葉に似ているチョウの一種。日本、東南アジア、中国、インドの熱帯・亜熱帯域に広く分布。前翅長約5センチ。翅の裏は枯れ葉そっくりだが、表は美しい橙色と青色。

P110-111　カレハバッタの一種
Deadleafed Grasshopper / *Chorotypus* sp.
クビナガバッタ上科
枯れ葉そっくりのバッタ類。東南アジアやアマゾンの熱帯雨林に分布。体長約5センチ。落ち葉に擬態し、風が吹くと体を揺らしながら移動する。

P112-113　パラドックスカレハカマキリ
Ghost Mantis / *Phyllocrania paradoxa*
ヒメカマキリ科
小型のカマキリ類。アフリカに分布。体長約5センチ。枯れ葉に似ていて、枯れ葉が風に吹かれるかのように体を揺する。

P114-115　エダハヘラオヤモリ
Satanic Leaf-tail Gecko / *Uroplatus phantasticus*
ヤモリ科
小型のヤモリ類。マダガスカル東部のみに分布する固有種。体長7〜10センチ。木の枝に後ろ足だけでぶら下がり、枯れ葉に擬態する。

P116-117　カンムリヒキガエル
Crested Forest Toad / *Rhinella margaritifera*
ヒキガエル科
小型のカエル類。中南米の熱帯雨林に分布。体長3〜4センチ。枯れ葉に似ていて小さく、巧みに擬態している。

P118-119　コノハツユムシ
Leaf Katydid / *Cycloptera speculate*
キリギリス科

葉にそっくりなキリギリス類。東南アジアや南米の熱帯雨林に分布。体長10センチ前後。体色は緑で、枯れ葉ではなく生きた葉に擬態している。

P120-121 　ゴウシュウコノハカマキリ
Netwinged Mantis / *Neomantis australis*
カマキリ科
木の葉のようにうすべったいカマキリ類。オーストラリアの熱帯雨林に生息。日に透けた葉にとまっていると見つけるのが難しい。

P122-123 　ピグミー・シーホース
Pygmy Seahorse / *Hippocampus bargibanti*
ヨウジウオ科
サンゴと共生するタツノオトシゴ類。東南アジアのコーラルトライアングルに分布。体長1.5〜2.5センチ。サンゴに擬態し、種によってサンゴに合わせた体色をしている。

P124-125 　ホウセキカサゴ
Paddle-flap Scorpionfish / *Rhinopias eschmeyeri*
フサカサゴ科
海底に生息するボロカサゴ類。西太平洋からインド洋にかけて分布。体長約23センチ。岩礁やサンゴ礁の海底で待ち伏せし、近寄ってきた小魚などを捕食する。ボロカサゴ類は体の皮がはがれ落ち、脱皮する。

P126-127 　ピクチャーウィング・フライ
Picture-wing Flies / *Goniurellia tridens*
ミバエ科
アリのような模様の翅のミバエ類。UAEで撮影。体長5ミリ前後。アリがいるように見える翅の模様は擬態で、敵から身を守っていると考えられている。

P128-131 　ルキホルメティカ・ルケ
Lightning Cockroach / *Lucihormetica luckae*
オオゴキブリ科
発光するとても珍しいゴキブリ類。エクアドルの火山地帯のみに生息。体長2.4センチ。体に毒をもって身を守っているヒカリコメツキに擬態し、発光する。発光器官の位置や発光間隔まで酷似している。

P132-133 　ホソヘリカメムシの一種の幼虫
Nymph of Ant-mimic Bug / *Hyalymenus sp.*
ホソヘリカメムシ科
アリに擬態したカメムシ類。全世界に広く分布。体長約1.5センチ。幼虫はアリに擬態して身を守り、成虫はアシナガバチに擬態している。

P134-135 　アリマツギツノゼミ
Ant-mimic Treehopper / *Cyphonia clavata*
ツノゼミ科
ツノゼミ類の一種。中南米の熱帯雨林に生息。体長5ミリ。怒っているアリを背負っているような形で擬態し、アリ類を避けるほかの昆虫類から身を守っている。

P136-137 　ナガミカヅキツノゼミ
Cladonota apicalis
ツノゼミ科
ツノゼミ類の一種。南米で撮影。体長不明。三日月のように弧を描く長い角が特徴のツノゼミ。

P138-139 　クラドノタ・ベニティジ
Cladonota benitezi
ツノゼミ科
ツノゼミ類の一種。南米で撮影。体長不明。太く長い角が三日月のように弧を描くのが特徴。

P140-141 　ユカタンビワハゴロモ
Peanut-head Lantern Bug / *Fulgora laternaria*
ビワハゴロモ科
頭部が発達したハゴロモ類。中米に分布。体長約12センチ。頭部の突起がワニやトカゲのように見える。この突起や翅の目玉模様を見せて天敵を威嚇し、最終的には毒を含む体液を吹きかける。

P142-143 　ミズカキヤモリ
Namib Web-footed Gekko / *Palmatogecko rangei*
ヤモリ科
砂漠に生息するヤモリ類。アフリカ南部に分布。体長10〜15センチ。砂漠で巣穴を掘るために、細長い足に水かきがついている。日中は巣穴で過ごし、気温が下がる夜間に地表に出て活動する。

P144-145 　テングビワハゴロモ
Lantern Bug / *Pyrops candelaria*
ビワハゴロモ科
細長い角をもつハゴロモ類。中国、カンボジア、ベトナム、ラオスに分布。体長3.8〜7.6センチ。頭部の細長い突起が特徴。威嚇する際にはこの突起を見せつけるとともに翅を広げるが、後ろ翅の鮮やかな青色が美しい。

P146-147 　アカハネナガウンカ
Long-winged Derbid Planthopper
Diostrombus politus
ハネナガウンカ科
長い翅をもつウンカ類。本州、四国、九州に分布。体長0.4センチ。体は鮮やかな朱色で、透明で長い翅は体長の倍以上ある。ススキなどのイネ科植物につく。顔を正面から見るとユニーク。

P148-149 　アカテガニ
Red Claws Crab / *Chiromantes haematocheir*
ベンケイガニ科
中型のカニ類。東アジアに分布。甲の幅約3センチ。海で育つカニだが陸上生活にも適応し、海岸近くの湿地や森林にも生息する。成体の甲羅に微笑んだ口のような模様があるのが特徴。

P150-151 　ジンメンカメムシ
Man-faced Stink Bug / *Catacanthus incarnatus*
カメムシ科
東南アジア、インドに分布。全長3センチ。上面の模様が、まげを結った力士の顔のように見える。インドではカシューナッツの害虫。

P152-153 　カーティンガツノガエルの幼生
Tadpole of Caatinga Horned Frog
Ceratophrys joazeirensis
ツノガエル科
目の上に突起のあるカエル類のオタマジャクシ。乾燥したサバンナの断続的な湿地などに生息。体長約3センチ。落ち葉が積もっている場所などに潜り、待ち伏せ型の狩りをする。

P154-155 　メガネカスベ属の一種
Clearnose Skate / *Raja eglanteria*
ガンギエイ科
深海性のエイ類。北米の大西洋沿岸部に分布。体長45〜90センチ。

P156-157 　ホットリップ
Hotlips / *Psychotria poeppigiana*
アカネ科
熱帯地の低木。アルゼンチン北部からメキシコにかけて分布。唇のように見えるのは花を包む苞葉（ほうよう）で、本当の花は中心にある。

P158-159 　モンキー・フェイス・オーキッド
Monkey Face Orchid / *Dracula Simia*
ラン科
ランの一種。エクアドル、ペルーの熱帯雲霧林に分布。花の直径約4センチ。南米の熱帯雲霧林の少ないお暗い場所でひっそりと咲くラン。

P160-161 　ゾウゲイロウミウシ
Bullocks Hypselodoris / *Hypselodoris bullockii*
イロウミウシ科
西大西洋、インド洋に分布。全長2〜3センチ。浅い岩礁域に生息するウミウシで、象牙色から紫色、藍色まで様々な体色。同属のシンデレラウミウシ（*Hypselodoris apolegma*）に似ている。

P162 　バッタ科の一種
Large Gold Grasshopper / *Chrysochraon dispar*
バッタ科
ヨーロッパに分布するバッタ類。体長1.5〜3センチ。通常、オスは緑、メスは金を帯びた茶色で、ピンク色は変異によるもの。本種に限らず、ほかのバッタ類でも生じることがある。

P163 　ハムシ科の一種
Red Leaf Beetle / *Chrysomelidae sp.*
ハムシ科
赤いハムシ類。コスタリカで撮影。全長不明。赤いヘルメットのような形をしている。

P164 　キリギリス科の一種
Pink Katydid / *Tettigoniidae sp.*
キリギリス科
キリギリス類の一種。米国、インディアナ州で撮影。ピンク色のバッタ（P162）と同じように、変異でピンク色の個体が生まれることがある。

P165 　オオベニハゴロモ
Flatid Leaf Bug / *Phromnia rosea*
アオバハゴロモ科
淡紅色のハゴロモ類。マダガスカルのみに分布する固有種。体長不明。樹液を吸うハゴロモの一種。群生して花に擬態する。

P166-167 　ユビワエビス
Jeweled Top Snail / *Calliostoma annulatum*
エビスガイ科
カラフルな巻貝類。北米の沿岸部に分布。貝殻の高さ1.5〜3.5センチ。美しい色彩で、宝石のような巻貝という英名が名づけられた。

P168-169 　キリギリス科の一種
Candy-cane Katydid / *Arachnoscelis feroxnotha*
キリギリス科
虹色のキリギリス類。コスタリカで撮影。体長不明。赤、黄、緑、青色のキリギリス類。玩具のようだが、生体である。

P170-171 　キリンクビナガオトシブミ
Giraffe-necked Weevil / *Trachelophorus giraffa*
オトシブミ科
マダガスカルのみに分布する固有種。全長約2.5センチ。極端に首が長いのはオスで、頭と首が全長の70%を占める。首を上下させて闘争し、長さを競う。メスは葉を巻いて中に産卵し、産まれた幼虫は周囲の葉を食べて成長する。

P172-173 　ジェレヌク
Gerenuk / *Litocranius walleri*
ウシ科
首が長いウシ科の動物。アフリカ東部に分布。体長約1.5メートル。首が長いのが特徴で、ジェレヌクとはソマリア語で「キリンの首」の意味。植物食で、水分は植物から補給する。

P174-175 　デメニギス
Barreleye / *Macropinna microstoma*
デメニギス科
深海に生息する小型の魚類。北太平洋北部に分布。体長10センチ前後。頭部が透明で中身が丸見えな深海の魚類。この透明な膜越しに、管状眼（かんじょうがん）で、体に対して上（海面）方向を見て獲物を探すことができる。

P176-179 　ダイオウグソクムシ
Giant Isopod / *Bathynomus giganteus*

スナホリムシ科
深海の砂泥地に生息する甲殻類。メキシコ湾や西大西洋に分布。体長20〜50センチ。深海底に沈んできた死骸や弱った生きものを捕食する。

P180-181 　ミズヒキイカ
Bigfin Squid / *Magnapinna pacifica*
ミズヒキイカ科
深海の謎多きイカ類。太平洋、大西洋、インド洋の深海で数個体が確認されているのみ。体長5センチ前後だが、ひも状の腕がとても長く、全長7メートルにも達する。ひも状の腕が水引のように見えるのが名の由来。

P182-183 　クサウオ科の一種
Hadal Snailfish / *Liparidae sp.*
クサウオ科
超深海にすむ魚類。日本海溝やペルー・チリ海溝などの水深数千メートルに生息。体長約25センチ。最も深い水深にすむ魚類で、水深7,000〜8,000メートルの超深海に生息する。2008年に新種として発見された。

P184-185 　ニュウドウカジカ
Blobfish / *Psychrolutes marcidus*
ウラナイカジカ科
ウラナイカジカ科の深海魚。オーストラリア、ニュージーランド近海の深海域に分布。体長約30センチ。

P186-187 　リュウグウノツカイ（幼魚）
Oarfish / *Regalecus russelii*
リュウグウノツカイ科
細く平たい体で、全身銀白色の深海魚。全世界の海の深海域に分布。巨大生物の代表格で、通常は体長3メートル前後だが、体長11メートル、体重272キロに達する個体が記録されている。

P188-189 　ナマカフクラガエル
Namaqua Rain Frog / *Breviceps namaquensis*
ヒメアマガエル科
アフリカ南部に分布。体長約4.5センチ。砂丘など乾燥した地帯に生息し、後ろ足で穴を掘って地下で生活する、繁殖も地下で行う。

P190-191 　カメガエル
Turtle Frog / *Myobatrachus gouldii*
カメガエル科
オーストラリア南西部のみに分布する固有種。体長3〜6センチ。水辺近くの砂地に前足で穴を掘って生活する。シロアリを好んで食べる。

P192-193 　ピンクイグアナ
Galapagos Pink Land Iguana / *Conolophus marthae*
イグアナ科
淡紅色のイグアナ類。ガラパゴス諸島のイザベラ島北部、ウォルフ火山の火口付近のみに生息する絶滅危惧種。体長1〜1.2メートル。1986年に発見され、2009年に新種として記載。

P194-195 　ハダカデバネズミ
Naked Mole-rat / *Heterocephalus glaber*
デバネズミ科
毛がほとんど生えない体と、大きな前歯が特徴的なネズミ類。東アフリカのみに分布。体長約8〜10センチ。地下のトンネルで群れで生活する。群れは女王を頂点にする階級社会。

P196-197 　ホシバナモグラ
Star-nosed Mole / *Condylura cristata*
モグラ科
北米東部に分布。体長約12センチ。高度に発達した星形の鼻は、嗅覚だけでなく触覚を感じる器官としても優れている。

P198-199 　ミツツボアリ
Australian Honeypot Ant / *Camponotus inflatus*
アリ科
花の蜜を体内に貯めるアリ類。オーストラリアの砂漠地帯に分布。体長約1.5センチ。雨期に働きアリが花の蜜を体内に貯蔵し、乾期に食糧が乏しくなると、貯蔵している蜜を口うつしで分け合って生きのびる。

P200-201 　ヒノオビクラゲ
Marrus orthocanna
ヨウラククラゲ科
深海性のクダクラゲ類。北極圏、北太平洋、北大西洋などの北方の深海域に分布。個虫が集まって1つの生物体を構成する群体生物。

P202-203 　アマゾンカワイルカ
Amazon River Dolphin / *Inia geoffrensis*
アマゾンカワイルカ科
淡水域に生息するイルカの一種。南米のアマゾン川に分布。体長2.3〜2.8メートル。体色はピンク色が中心で、暗い茶色やクリーム色など変異がある。濁った川で生活するので目が退化している。現在、絶滅が危惧されている。

P204-205 　ヤリハシハチドリ
Sword-billed Hummingbird / *Ensifera ensifera*
ハチドリ科
南米北西部に分布。体長約10センチ。くちばしは体長と同じくらい長い。トケイソウ属の花蜜は花の奥深くにあり、蜜をなめるためには長いくちばしが必要。

P206-207 　クマムシの一種
Water Bears/Moss Piglets / *Hypsibius dujardini*
ヤマクマムシ科
クマのような体型の微生物。全世界に広く分布。体長1.7ミリ以下。頭部と4節の胴に、先端に爪のある4対の足がある。

P208-209 　ガラパゴスバットフィッシュ
Galapagos Batfish ／ *Ogcocephalus darwini*
アカゲツ科
海底にすむ魚類。ガラパゴス諸島に生息。体長20〜25センチ。ひれを足のように使って海底を這い回り、甲殻類などを捕食する。

P210-211 　アオアシカツオドリ
Blue-footed Booby / *Sula nebouxii*
カツオドリ科
海に飛び込んで魚を捕る海鳥。北米から南米にかけての太平洋沿岸に分布。全長約80センチ。海上を飛び回り獲物を見つけると、翼をすぼめ矢のように細長い体勢になって急降下し捕らえる。

P212-213 　オウギバト
Victoria Crowned Pigeon / *Goura victoria*
ハト科
冠羽をもつ大型のハト類。インドネシア、パプアニューギニアに分布。全長約66センチ。雌雄とも扇形の大きな冠羽をもち、求愛のディスプレイの際はオスだけが冠羽を見せつける。あまり長距離は飛べない。

P214-215 　オウギタイランチョウ
Royal Flycatcher / *Onychorhynchus coronatus*
タイランチョウ科
鮮やかな扇形の冠羽をもつ小鳥。メキシコ、ボリビア、ブラジルに分布。全長17センチ。オスは赤、メスは黄色の冠羽をそれぞれもつが、普段は折りたたまれており、求愛の際などに広げる。

P216-217 　ベニジュケイ
Temminck's Tragopan / *Tragopan temminckii*
キジ科
高山帯に生息するキジ類。中国、チベット、インド、ビルマ、ベトナムの高山帯に分布。全長58〜64センチ。オスは青や赤色の肉垂が目立ち、求愛の際には青い冠羽を立て、翼を広げ、肉垂を激しく振ってディスプレイする。

P218-219 　ヒクイドリ
Southern Cassowary / *Casuarius casuarius*
ヒクイドリ科
飛べない大型の鳥類。オーストラリア、ニューギニアに分布。全長約1.3〜1.7メートル。世界の鳥類ではダチョウに次いで2番目に大きい。頭部にかぶとのような突起があり、茂った森の中でも安全に走ることができる。

P220-221 　ズキンアザラシ
Hooded Seal / *Cystophora cristata*
アザラシ科
鼻の一部を膨らませることができるアザラシ類。北大西洋、北極海に分布。体長2〜3メートル。オスの成体の鼻は発達し、求愛のディスプレイや威嚇の際に大きくふくらませることができる。

P222-223 　シュモクバエ科の一種
Stalk-eyed Fly / *Diopsoidea sp.*
シュモクバエ科
アフリカを中心として全世界の熱帯地方に多く分布。体長0.4〜1.2センチ。長く突き出た眼は、周囲を確認したり、獲物との距離をはかるのに有効なほか、オス同士の争いやメスに選ばれるのに長いほうが有利と考えられている。

P224-225 　ウマヅラコウモリ
Hammer-headed Bat / *Hypsignathus monstrosus*
オオコウモリ科
オスの鼻づらがウマのようにふくらんだコウモリ類。アフリカ中西部に分布。体長20〜30センチ。日中は水辺の林で休み、暗くなると主食である果実を求めて飛び立つ。

P226-227 　ピーコック・スパイダーの一種
Peacock Spider / *Maratus speciosus*
ハエトリグモ科
派手な模様をもつクモ類。オーストラリアに分布。体長0.5〜1センチ。網を張るのではなく、徘徊して獲物を捕食するハエトリグモ類。オスはクジャクの羽のように美しい腹部を上げながらダンスし、メスに求愛する。

P228-229 　シロヘラコウモリ
Honduran White Bat / *Ectophylla alba*
ヘラコウモリ科
小さな白いコウモリ類。中米に分布。体長3.7〜4.7センチ。日中、植物の大きな葉の裏に集まって休み、暗くなると果実を求めて飛び回る。

P230-231 　グリーン・ライノ・スネイル
Green Rhino Snail / *Rhinocochlis nasuta*
Dyakilidae 科
陸生の腹足類。マレーシアに分布。殻も体も緑色のカタツムリ。ボルネオの熱帯雨林に生息する。殻が平たいのが特徴。

P232-233 　ニジイロクワガタ
King Stag Beetle / *Phalacrognathus muelleri*
クワガタムシ科
玉虫色のクワガタムシ類。オーストラリア、ニューギニアに分布。体長最大6.7センチ。この光沢は日中の体温の上昇を抑えたり、林の中では迷彩色になると考えられている。

P234-235 　イエローヘッド・ジョーフィッシュ
Yellowhead Jawfish / *Opistognathus aurifrons*
アゴアマダイ科
海底に穴を掘って生活する魚類。大西洋西部に分布。体長約10センチ。大きな口は穴を掘るのに使うだけでなく、子育てをするためにも使い、卵を口の中に入れて口内保育する。

編著・デザイン	早川いくを 著作家。1965年東京都生まれ。多摩美術大学卒業。広告制作会社、出版社勤務を経てフリーに。「へんないきもの」シリーズが累計55万部のベストセラーとなり本格的な作家活動に入る。他に『カッコいいほとけ』『取るに足らない事件』『うんこがへんないきもの』などの著書がある。
企画・原案	澤井聖一
協　　　力	進藤美和・茂木瑞稀・高田陽・アマナイメージズ
編集協力	高野丈（ネイチャー＆サイエンス）

写真提供

Fabio Pupin/Visuals Unlimited, Inc./アマナイメージズ（p4-5）、Adriane Honerbrink（p6-7）、MBARI（p8-9, 174-175, 180-181）、Robbie Shone/SPL/アマナイメージズ（p10-11, 72-73）、吉田譲（p12-13）、Brigitte Wilms/Minden Pictures/アマナイメージズ（p14-15）、Stephen Frink/Corbis/アマナイメージズ（p16-17）、Mark Spencer/AUSCAPE/アマナイメージズ（p18-19）、安田守/アマナイメージズ（p20-21）、NHPA/Photoshot/アマナイメージズ（p22-23）、Ashley M. Bradford（p24-25）、Rod Williams/NPL/アマナイメージズ（p26-27）、Piotr Naskrecki/Minden Pictures/アマナイメージズ（p28-29, 134-135）、Mark McGrouther/Australian Museum（p30-31）、Alex Mustard/NPL/アマナイメージズ（p32-33, 122-123, 234-235）、Dante Fenolio/Science Source/アマナイメージズ（p34-35）、Solvin Zankl/NPL/アマナイメージズ（p36-37）、Dong Perrine/NPL/アマナイメージズ（p38-39）、Pete Oxford/Minden Pictures/アマナイメージズ（p40, 110, 118-119, 165）、Robert Pickett/Corbis/アマナイメージズ（p42）、Andrew J. Martinez/Science Source/アマナイメージズ（p44-45）、Alex Hyde/NPL/アマナイメージズ（p46）、Darlyne A. Murawski（p48-49）、Corbis/アマナイメージズ（p50-51）、新開孝/アマナイメージズ（p52-53）、Nicolas Reusens/SPL/アマナイメージズ（p54-55）、Jim Merli/Visuals Unlimited, Inc./アマナイメージズ（p56）、Chris Newbert/Minden Pictures/アマナイメージズ（p58-59）、BRITISH ANTARCTIC SURVEY/SPL/アマナイメージズ（p60-61）、Wim van Egmond/Visuals Unlimited/Corbis/アマナイメージズ（p62-63）、David Wrobel/Visuals Unlimited/Corbis/アマナイメージズ（p64-65）、Ken Lucas/Visuals Unlimited, Inc./アマナイメージズ（p66-67）、Ingo Arndt/NPL/アマナイメージズ（p68-69）、Ch'ien Lee/Minden Pictures/アマナイメージズ（p70-71, 141, 231）、Nicholas Smythe/Science Source/アマナイメージズ（p74-75）、Igor Siwanowicz/Visuals Unlimited, Inc./アマナイメージズ（p76-77）、Gregory G. Dimijian/Science Source/アマナイメージズ（p78）、Andy Sands/NPL/アマナイメージズ（p79）、Stephen J. Hamedl（p80-81）、真木久美子（p82-83）、Hans Leijnse/NiS/アマナイメージズ（p84-85）、Paul Souders/Corbis/アマナイメージズ（p86-87）、Jurgen Freund/NPL/アマナイメージズ（p88-89）、Anthony Mercieca/Science Source/アマナイメージズ（p90-91）、John Cancalosi/NPL/アマナイメージズ（p91）、Mark Moffett/Minden Pictures/アマナイメージズ（p92-93）、Roland Seitre/NPL/アマナイメージズ（p94-95）、Tim MacMillan/John Downer Pro/NPL/アマナイメージズ（p96, 98）、Stephen Dalton/Minden Pictures/アマナイメージズ（p100, 108-109）、Cede Prudente/アマナイメージズ（p102-103）、北海道大学（撮影：村松康太）（p104）、Michael Kern/Visuals Unlimited/Corbis/アマナイメージズ（p106-107）、Francesco Tomasinelli/Science Source/アマナイメージズ（p112）、SPL/アマナイメージズ（p114-115, 136-137, 138-139, 214-215）、Ken Griffiths/Photoshot/アマナイメージズ（p116-117）、海老和男/アマナイメージズ（p120-121, 150-151）、Michael Patrick O'Neill/Science Source（p124-125）、Brigitte Howarth（p126）、Peter Vrsansky（p128-129, 131）、Ingo Arndt/Minden Pictures/アマナイメージズ（p132-133）、James Carmichael Jr/NHPA/Photoshot/アマナイメージズ（p140-141）、Martin Harvey/Photoshot/アマナイメージズ（p142）、今井初太郎/アマナイメージズ（p146-147）、小池康之/アマナイメージズ（p148）、Michael Ready/Visuals Unlimited, Inc./アマナイメージズ（p152）、Rob & Ann Simpson/Visuals Unlimited, Inc./アマナイメージズ（p154）、DR MORLEY READ/SPL/アマナイメージズ（p155）、James Lightbown/Corbis/アマナイメージズ（p156）、Scott Moore/Whitehotpix/ZUMA PRESS/アマナイメージズ（p158）、Solvin Zankl/Visuals Unlimited, Inc./アマナイメージズ（p160-161）、Thomas Marent/Minden Pictures/アマナイメージズ（p162）、George Grall/National Geographic Society/Corbis/アマナイメージズ（p163, 168）、Lisa Presley/Corbis/アマナイメージズ（p164）、Stuart Westmorland/Corbis/アマナイメージズ（p166-167）、Thomas Marent/Visuals Unlimited, Inc./アマナイメージズ（p170-171）、Keren Su/Corbis/アマナイメージズ（p172）、峯水亮（p176-177, 178-179, 186-187）、Oceanlab, University of Aberdeen, UK（p182-183）、Caters News Agency（p184-185）、Chris Mattison/NPL/アマナイメージズ（p188-189）、John D. Cunningham/Visuals Unlimited, Inc./アマナイメージズ（p190-191）、Tui De Roy/Minden Pictures/アマナイメージズ（p192, 210-211）、Todd Pusser/NPL/アマナイメージズ（p194-195）、Photoshot/アマナイメージズ（p196-197）、Reg Morrison/AUSCAPE/アマナイメージズ（p198-199）、David Shale/NPL/アマナイメージズ（p200-201）、FLPA/Mike Lane/アマナイメージズ（p202）、Image Source/アマナイメージズ（p203）、Jan van der Greef/ Buiten-beeld/Minden Pictures/アマナイメージズ（p204-205）、EYE OF SCIENCE/SPL/アマナイメージズ（p206-207）、Fred Bavendam/Minden Pictures/アマナイメージズ（p208-209）、Albert Lleal/Minden Pictures/アマナイメージズ（p212-213）、Axel Gebauer/NPL/アマナイメージズ（p216）、ZSSD/Minden Pictures/アマナイメージズ（p218）、Gerard Lacz/FLPA/Minden Pictures/アマナイメージズ（p220-221）、Stuart Wilson/Science Source/アマナイメージズ（p223）、Bart Wursten（p224-225）、Jurgen Otto（p226-227）、Konrad Wothe/Minden Pictures/アマナイメージズ（p228-229）、Jim Frazier-Densey Clyne/AUSCAPE/アマナイメージズ（p232-233）

へんな生きもの　へんな生きざま

2015年8月1日　初版第1刷発行
2017年12月25日　　第4刷発行

発行者　　澤井聖一
発行所　　株式会社エクスナレッジ
　　　　　〒106-0032　東京都港区六本木7-2-26
　　　　　http://www.xknowledge.co.jp/

問合せ先
編集　TEL.03-3403-1381　FAX.03-3403-1345　info@xknowledge.co.jp
販売　TEL.03-3403-1321　FAX.03-3403-1829

無断転載の禁止
本書掲載記事（本文、写真等）を当社および著作権者の許諾なしに無断で転載（翻訳、複写、データベースへの入力、インターネットでの掲載等）することを禁じます。